ANNE DE WALMONT

# Und an den Rändern nagt das Meer

ANNE DE WALMONT

# Und an den Rändern nagt das Meer

SIEBEN MONATE
AUF DER
VOGELINSEL
TRISCHEN

KNESEBECK Stories

# Inhalt

# Prolog

Der Kaffee blubbert auf dem Herd. Ich schaue aus der geöffneten Balkontür und sehe die dahinter liegenden Häuser. Dazwischen zwei, drei vereinzelte Bäume. Ein Rotkehlchen hüpft von Ast zu Ast und tickert, eine Kohlmeise schnarrt irgendwo gut versteckt zwischen Zweigen, und der Presslufthammer im Nachbarhaus verleiht all dem einen Klangteppich, der mich die Stirn runzeln lässt. Das Kaffeetrinken findet zwischen Tür und Angel statt. Die Gedanken durcheilen schon mal vorsorglich den gesamten anstehenden Tag und veranlassen mich, die letzten zwei Schlucke in der Kaffeetasse zu lassen. Los geht's! Fahrrad losschließen, auf in den Straßenverkehr. Immer wachsam sein! An roten Ampeln stehen bleiben (oder auch nicht), Vorfahrt beachten (oder auch nicht), in eine Abgaswolke eintauchen (unvermeidbar), hier die Hand zum Gruß heben, dort kurz anhalten und einen Brief einwerfen. Ich überhole mit sehr geringem Abstand die Rabenkrähen, die zwischen den Schienen der Straßenbahnen auf Nahrungssuche sind. Viel muss passieren, damit sie auffliegen. Sie sind an die Stadt gewöhnt. Bin ich es auch? Will ich mich überhaupt daran gewöhnen? Ringel- und Stadttauben heben mit ihren klatschenden Flügelschlägen von Hausdächern ab, Autohupen schrillen, weil irgendjemand die Straße blockiert. Auch ich komme nicht weiter. Aber meine Gedanken zum Ablauf des Tages machen mich unruhig und versetzen mich in Hektik. Ich habe Termine. Ich muss weiter! Will ich das? Ich schaue der Lachmöwe nach, die gemütlich hoch über den Häusern Richtung Fluss fliegt. Alles rauscht um mich herum …

Um dem Trubel zu entfliehen, muss ich von Zeit zu Zeit hinaus. Ich verlasse regelmäßig die Stadt und fahre ans Meer. Dort ist die Weite, und dort sind die Vögel. Beides beruhigt mich.

*

In voller Regenmontur stehe ich auf dem Deich eines kleinen Küstendorfes mit Blick auf das Wattenmeer. Die Kapuze der Regenjacke habe ich tief in das Gesicht gezogen, die Regenhose raschelt im Wind. Ich schaue Richtung Westen und sehe das Meer. Es steht bis an die Steinkante, an der ein geteerter Spazierweg entlangläuft. So weit, bis irgendwann ein Schild kommt: *Nationalpark. Ruhezone. Betreten verboten.* Durch das Spektiv kann ich das Schild erkennen, aber die Schrift nicht entziffern. Ich weiß auch so, was darauf steht. Das kurz gehaltene und teilweise beweidete Vorland beherbergt jetzt bei Hochwasser einige Rasttrupps unterschiedlicher Vogelarten. Lachmöwen, Pfeifenten und große Brachvögel sind in großer Zahl vertreten. Das Spektiv wackelt im Sturm und erschwert mir das Zählen. Ich klicke immer wieder auf meine Zähluhr: zehn, zwanzig, dreißig, vierzig … Notizbuch und Bleistift werden gezückt, Art und Anzahl notiert. Kurze Regenschauer lassen mich die Zählung unterbrechen. Ich kann nichts sehen. Anschließend geht es direkt weiter. Die Zeit drängt, denn sobald das Wasser zurückweicht, fliegen auch die Vögel wieder auf die Wattflächen und lassen sich nicht so einfach zählen. Ich schultere das Spektiv und gehe weiter den Deich entlang, immer gegen den Wind gestemmt, der aus Nordwesten kommt. Schritt für Schritt. Es kostet Energie voranzukommen, mein Gesicht glüht, obwohl es nicht warm ist. Der Wind fühlt sich auf der Haut an wie viele kleine, feine Nadelstiche. Der nächste Zählpunkt ist erreicht. Doch hier herrscht helle Aufregung. Ein Seeadler treibt die Schwärme auseinander. Ich beobachte ihn eine Weile, bis seine Jagd erfolgreich ist. Ganz in Ruhe rupft er seine Beute, und die Schwärme beruhigen sich wieder. Ich zähle weiter. Zehn, zwanzig, dreißig, vierzig. Jedes Mal ein Klick. Notizbuch und Bleistift gezückt, Anzahl und Art notieren. Die Steinbuhne ist voll von Austernfischern. Wie ein dunkler Teppich verdecken sie die Steine. Der nächste Regenschauer. Kurze Pause, weiter geht's. Zehn, zwanzig, dreißig, vierzig … Ich bin fokussiert. Mein Kopf ist frei. Ich stehe im Wind und zähle Vögel. Mehr tue ich nicht. Mehr will ich in diesem Moment auch gar nicht tun. Das Wattenmeer ist mir genug, es hat viele Gesichter. Dort, wo es auf den Menschen trifft, versucht dieser, es zu bändigen. Doch es gibt ein paar letzte kleine Orte im Wattenmeer, die weitestgehend frei von seinen Einflüssen sind.

Mich zieht es weiter hinaus. Ich möchte nicht nur alle zwei Wochen auf einem Deich stehen und Vögel zählen. Ich möchte dorthin, wo kein Deich ist und die Natur sich noch frei entwickeln kann.

## Für das Wattenmeer. Und für Fitissimus*

Dies ist keine (populär-)wissenschaftliche Abhandlung über das Wattenmeer oder die Vogelwelt der Nordsee. Vielmehr handelt es sich hierbei um Aneinanderreihungen von sehr subjektiven Beobachtungen und Erfahrungen, die ich während sieben Monaten, allein unter Tausenden von Vögeln, auf einer kleinen Wattenmeerinsel machen konnte.

Wenn man so lange nur sporadisch Kontakt zu anderen Menschen hat, beginnt man, in manchen Situationen vieles anders oder sogar ganz neu zu denken und wahrzunehmen.

Fitis(simus)

Hinzu kommt, dass meine Wahrnehmungen hier nicht überrollt werden vom städtischen Leben mit all seinen Reizen, Ablenkungen, Möglichkeiten und Alltagserleichterungen, die mitunter auch alltagserschwerend sein können.
Ich habe in diesen sieben Monaten viel Zeit draußen verbracht. In der Natur zu sein und sie zu beobachten, kann sehr erfüllen und die Sinne öffnen.

Auf den folgenden Seiten versuche ich, Momente des Insellebens festzuhalten. So wie sie mir meist am Abend, nach getaner Arbeit, in den Sinn kamen. Jeder Tag zeigt mir neue Facetten der Insel und des Wattenmeeres. Mit jeder Jahreszeit verändert sich das Wetter und mit ihm die Vogelwelt. Die Salzwiese wandelt ihre Formen und Farben, und der Wind ist mal sanft und mal knallhart. Drei Jahreszeiten habe ich hier auf Trischen erlebt, und sie sollen meinen Episoden einen Rahmen geben.
Die Gedanken, die ich in dieser Zeit hatte, ob ganz banale oder lebensweisende, sind in Beschreibungen der Natur und des naturkundlichen Arbeitens eingebettet, sodass auch die Leserin oder der Leser nachvollziehen kann, aus welcher Inspiration heraus sie entstanden sind. Manchmal stehen die Naturbeschreibungen aber auch einfach für sich – ohne reflektierende Gedanken. Das Nur-Betrachten ist eine Fähigkeit, die ich erst erlernen musste. Doch habe ich in ihr eine große Bereicherung gefunden.

Schaut euch diese Landschaft an! Seid wachsam, lernt verstehen. Wissenschaftliche Aufsätze über das Wattenmeer, seine Flora und Fauna bieten umfangreiche Informationen, aber nicht jeder Mensch findet so Zugang zu dieser Landschaft. Ich bin keine Naturwissenschaftlerin. Ich bin am Wattenmeer aufgewachsen und fühle mich dort wohl. Mein Weg ist es, durch Beschreibungen des Seins der Landschaft und der Lebewesen dort einen Zugang zu eröffnen. Und

Wenn der Wind kleine Kunstwerke schafft: Salzmiere auf Sand.

so hoffe ich, mit diesen Zeilen die Besonderheiten des Wattenmeeres, die es so schützenswert machen, dem einen oder der anderen näherbringen zu können.

Und vielleicht sind diese kleinen Texte in der Summe auch ein Plädoyer für das Rausgehen. Rausgehen aus dem eingefahrenen Alltag, um sich selbst, zumindest für einen Moment, von außen und neu zu sehen. Anschließend geht man vielleicht ein klitzekleines bisschen weiser und erfahrener zurück. Aber nur vielleicht.

Und dann ist da immer der Wind. Und das Meer. Und der Wind …

Warum gerade Trischen? Das ist sehr einfach: Es gibt kaum Orte, an denen die Natur noch ganz sie selbst sein kann. Während ich mein freiwilliges ökologisches Jahr auf der Insel Pellworm verbrachte, einer nordfriesischen Insel, die allerdings von gut tausend Menschen bewohnt ist, lernte ich Trischen kennen. Ich war fasziniert: eine unbefestigte Insel als Rückzugsort für viele Vögel, und der Mensch, der eine, einzige Mensch, der dort wohnt, greift nicht ein, sondern beobachtet ausschließlich. Und das für sieben Monate! Wo gibt es das sonst? Und dann auch noch im Nationalpark und Weltnaturerbe Wattenmeer! Der NABU Schleswig-Holstein betreut Trischen seit vielen Jahren und macht es möglich, dort als Vogelwartin oder als Vogelwart zu arbeiten. Zehn Jahre habe ich gebraucht, um mein Vorhaben, für eine Saison dorthin zugehen, umzusetzen. Jedes Jahr aufs Neue stand die Idee im Raum, jedes Jahr kam etwas anderes dazwischen. 2018 dachte ich mir, wenn ich es jetzt nicht angehe und versuche, ist die Chance wahrscheinlich endgültig vertan. Wenn nicht heute, dann vermutlich nie mehr.

Und nun fahre ich Ende März 2019 für sieben Monate nach Trischen. Voller Aufregung. Voller Vorfreude.

# Im Frühling

»Wenn Sie diese Karte erhalten, wohnen Sie
schon vierzehn Tage auf der Sandbank Trischen.
Ich freue mich mit Ihnen, dass Sie die Zusage bekamen.
Es wird ein Erlebnis auf Lebenszeit.«

– Heinz-Lothar Heimbach, Vogelwart 1970,
auf einer Postkarte vom 31. März 2019

## Erste geographische Verortung eines verloren wirkenden, kleinen grün-gelben Pünktchens mitten im Wasser/Watt

Da ist zunächst ein kleines Meer im westlichen Norden. Die Nordsee. Wenn man weiter heranzoomt, kann man einen breiten Streifen entdecken, der sich entlang der dänischen, deutschen und niederländischen Küste erstreckt. Das Wattenmeer.

Geprägt von den Gezeiten, ist hier eine einzigartige Landschaft entstanden, die so viel Spannendes verbirgt, dass bereits zahlreiche Menschen über diesen sogenannten Lebensraum auf den zweiten Blick geschrieben haben. Für die Naturwissenschaft bietet er eine unendliche Fülle an Untersuchungs- und Betrachtungsgegenständen, dem Schriftsteller oder der Schriftstellerin eine großartige Erzählkulisse. Als Erstes fällt einem wahrscheinlich Theodor Storm ein, dessen Herz und Geist an dieser Landschaft hingen und der seine Inspirationen aus ihr schöpfte.

Im deutschen Wattenmeer entdeckt man, wenn man noch ein bisschen weiterzoomt, viele kleine Inseln und Halligen. Teilweise haben sie künstlich angelegte Verbindungen zum Festland, teilweise einen künstlichen grünen Rettungsring, dessen Bau vielleicht nicht immer die beste Idee war. Zoomt man nun in den schleswig-holsteinischen Teil des Wattenmeeres und dort genauer in den südlichen Bereich, so hat man Dithmarschen im Fokus. Und vor der Küste Dithmarschens, vierzehn Kilometer vom Festland entfernt, sieht man mitten

im Wattenmeer einen kleinen grün-gelben Klecks. Ohne Damm und ohne Deich. Ganz der Natur überlassen. Trischen. Ich habe mal eine Mutter zu ihrer kleinen Tochter sagen hören: Trischen sieht aus wie Sylt in mini. Das stimmt tatsächlich, doch das wird nicht ewig so sein.

Hier bin ich also angekommen. Mitten im Nationalpark und in der Schutzzone I, die eigentlich niemand betreten darf. Mit einer Ausnahmegenehmigung werde ich von Mitte März bis Mitte Oktober hier sein und die Natur auf Trischen für eine Saison beobachten und betreuen. Ich schleiche mich ein, mache mich so unbemerkbar wie nur möglich und halte fest, was hier passiert. Und das ist eine ganze Menge. So viel, dass ich vermutlich nur einen Bruchteil davon mitbekomme. Das, was ich sehe, ist bereits so groß, besonders und beeindruckend, dass ich beim Schreiben gar nicht weiß, wo ich anfangen soll … Am besten vielleicht einfach am Anfang.

## Überfahrt

Axel hat ein kleines Boot: die Luise. Früher ist Axel einen Krabbenkutter gefahren. Jetzt ist er Rentner und hat die Luise. Während Axel die Strecke nach Trischen schon unzählige Male gefahren ist und sie mit all ihren Tücken, Prielkurven und flachen Wassern quasi im Schlaf kennt und routiniert ans Tagwerk geht, ist die Überfahrt für mich zu Saisonbeginn etwas ganz Besonderes. Ich lasse so einiges hinter mir. Mein vorheriges Leben in der Stadt war geprägt vom Wusel. Hier noch kurz ein Projekt fertig machen, da noch einen Kaffee mit einer Freundin trinken gehen, gemeinsam rumhängen, Austausch zwischen Tür und Angel; ja, ich glaube, die Stadt hat mich wuselig gemacht, und nun sitze ich hier auf diesem kleinen Motorboot und lasse all das hinter mir. Zumindest für eine Zeit. Je weiter wir rausfahren, desto mehr Last und Aufregung fallen von mir ab. Ich schaue Richtung Westen, bis ich irgendwann die kleine Hütte am Horizont erkenne. Wir dümpeln so dahin. Das Wattenmeer ist auch bei Hochwasser an einigen Stellen nicht sehr tief, und die Priele, durch die Axel steuert, verlaufen in Schlangenlinien über den Meeresgrund. Da dauert die Überfahrt gute zwei Stunden. Genug Zeit, um runterzufahren, zurückzulassen, den Blick nach vorn zu richten, die Augen neu zu öffnen, die Sinne zu schärfen und tief zu atmen. Ich mache mich bereit für ein gutes halbes Jahr hier draußen. Mehr oder weniger mit mir selbst.

## Die Hütte

Es ist achtzehn Uhr. Das bedeutet, die Sonne neigt sich allmählich gen Wasser und gen Westen. Sie scheint mir direkt ins Gesicht. Der Wind weht aus Osten. So sitze ich also im Windschatten der Hütte. Die Sonne wärmt mich. Ab und zu kommt eine leichte Brise um die Ecke, und Haarsträhnen kitzeln mein Gesicht. Die Möwen schreien, die Rotschenkel tütern, und die Feldlerchen trillern von hoch oben ihr Lied. Ich liebe diese Hütte. Sie ist der einzige Zufluchtsort, wenn Wind und Wasser angebraust kommen. Wasser von oben und Wasser von unten. Bei Ostwind bekomme ich die Tür kaum auf. Mit aller Kraft drücke ich dagegen und muss anschließend, wenn ich hindurch geschlüpft bin, darauf achten, dass sie mir nicht aus der Hand gerissen wird.

Ich habe mich drinnen eingerichtet. Es befindet sich auf diesen etwas mehr als fünfzehn Quadratmetern alles, was ich zum Leben brauche. Und das ist nicht viel: Bett, Arbeitsplatz, Küche, Werkstatt, mir fehlt es an nichts. Die kleine Hütte mit dem geländerten Umlauf ringsherum steht auf Stelzen fünf Meter über der Salzwiese. So habe ich natürlich einen guten Überblick über die gesamte Insel, doch der eigentliche Grund für diese Erhöhung sind die Sturmfluten. Mein improvisiertes Klo befindet sich ein paar Stufen tiefer, Strom bekomme ich über Solarplatten auf dem Dach, und an das Internet angeschlossen bin ich über einen Stick, der wiederum hoch über dem Schreibtisch in einem Nudelsieb befestigt ist. Dort ist der beste Empfang, und das Sieb fungiert als Richtungsantenne. Es gibt, wohlgemerkt, drei Siebe in der Hütte. Eins mit der eben beschriebenen Funktion und zwei weitere, um das Watt zu kartieren. Zum Nudelwasserabgießen gib es keins.

Neben dem Schreibtisch hängt eine alte Seekarte an der Wand. Sie hat schon ein paar Jahre auf dem Buckel, zeigt mir aber doch gut, wo ich mich befinde, falls ich einmal die Orientierung verlieren sollte.

Spiegelung: Blick in die Hütte und gleichzeitig in den Himmel

Wenn es regnet …

Blick aus dem »Küchenfenster«

Wohnen auf Stelzen

Der Herd wird mit Gas betrieben, das ich in großen Flaschen im Handkarren vom Boot über den Strand ziehe und die Hüttentreppe hochhieve. Das geht gut. Man wird hier stark mit der Zeit. Der Ofen wird mit getrocknetem Treibholz vom Strand befeuert. Das Regenwasser läuft an der Hütte in Tonnen und dient zum Wäsche- und Geschirrabwaschen. Ich fülle Regenwasser in einen Kanister, der mit einem Schlauch versehen ist, und stelle ihn hoch über das Waschbecken. So habe ich auf eine gewisse Weise auch »fließend« Wasser. Zumindest für eine Kanisterfüllung.
Ich habe wenig und brauche auch nicht mehr. Es ist ein befriedigendes Gefühl, den Überfluss, der in unserem Alltag bereits zum Normalzustand geworden ist, abzulegen.

*Später*

Augen zu. Auf dem Umlauf der Hütte sitzend, überblicke ich die Weite und tue nichts. Gar nichts, soweit dies denn möglich ist. Kurz nichts denken. Leicht wird das gesamte Hüttenkonstrukt vom Wind hin und her geschaukelt. Zusätzlich wackelt der instabile Hocker, auf dem ich sitze. Man hört den Wind, bevor man ihn spürt. Er kommt über das Meer gebraust, über den Strand und bringt die Salzwiese zum Rauschen. Erst dann ist er da und kühlt mein Gesicht, das von der Sonne glüht. Ich trage zwei Wollpullis übereinander, aber meine Füße sind nackt.

## Der Inselversorger

Axel hat mich nicht nur zu Saisonbeginn auf die Insel gebracht, sondern stattet mir und Trischen regelmäßig mit der Luise einen Besuch ab. Axel ist der Inselversorger und fährt in der Regel einmal in der Woche, wenn es Wind und Wasser zulassen, von Friedrichskoog nach

Trischen. Er bringt mir Lebensmittel und Trinkwasser. Wir prosten uns gerne mit einem Bier zu und schnacken über dies und das. Von ihm als ehemaligem Krabbenfischer habe ich schon so einiges über die Geschichte der schleswig-holsteinischen Krabbenfischerei erfahren. Ich, aus einem niedersächsischen Krabbenfischerdorf stammend, (das jetzt, wie so viele andere Dörfer an der Küste, eher vom Tourismus lebt) höre mir diese Geschichten nur zu gerne an. Die Ersten, die Krabben fischten, waren Frauen! Axel ist die Person, die ich während der sieben Monate hier draußen am häufigsten sehe. Ich freue mich immer, wenn ich die Luise in der Ferne mit Kurs auf Trischen erblicke, und mache mich frühzeitig auf in Richtung Südspitze, wo Axel sein kleines Boot für eine Tide trockenfallen lässt. Die Fahrt dauert so lange, dass er es nicht innerhalb eines Hochwassers von Friedrichskoog hierher und auch wieder zurück schafft. In der Regel besuche ich Axel zwei Mal während seines Aufenthaltes am Strand. Wenn er ankommt, dauert es meist noch eine Weile, bis ich auf das Boot kann. Axel steuert die Luise so weit wie möglich auf den Strand, bis er Grund unterm Kiel hat. Dennoch steht das Wasser so hoch, dass es mir auf dem Weg zur Leiter, die Axel über die Reling hängt, in die Gummistiefel schwappen würde. Also harre ich aus, bis der Wasserstand ausreichend gefallen ist. In dieser Wartezeit kreuze ich gern die Hände auf dem Rücken und schlendere an der Wasserkante hin und her. Ab und zu hebe ich den Kopf, weil Vögel über mir fliegen. Alpenstrandläufer tippeln an der Wasserkante entlang. Sie kommen auf mich zu. Ich stehe still. Sie erreichen den Handkarren, scheinen kurz irritiert über dieses neue Hindernis, schlagen einen kleinen Bogen und tippeln nahrungssuchend weiter. Aber gerne schaue ich manchmal auch einfach dem Wasser zu, wie es allmählich den Strand hinunter zu den Prielen läuft. Ich klettere an Bord. Unter Deck ist es schön warm, und kurz nicht dem Wind ausgesetzt zu sein, verschafft ein wohliges Gefühl. Mein Gesicht beginnt sofort zu glühen. Das Radio läuft. Von Zeit zu Zeit springt das

Funkgerät an, und Wetter- und Schiffverkehrsmeldungen werden vorgelesen. Der Wasserkessel dampft auf dem kleinen Gasherd, und schon bald riecht es nach Kaffee. Später reicht mir Axel meine Lebensmittel, Trinkwasser und was sonst noch so für mich mit auf die Luise gekommen ist hinunter zu meinem Handkarren, und ich ziehe ihn über den Strand zur Hütte. Axel gibt mir jedes Mal eine Uhrzeit mit. Zu dieser soll ich wieder an der Luise sein, damit noch Zeit für ein Abschiedsbier und eine Runde Klönschnack ist. Während wir bei meinem zweiten Besuch unter Deck sitzen, schaue ich regelmäßig aus den kleinen Fenstern: Ich muss das Wasser gut im Blick behalten! Denn so, wie es bei Ebbe den Strand hinunterläuft, klettert es mit der Flut auch wieder hinauf. Ich sollte von der Luise sein, bevor sie sich aus ihrer Schieflage wieder aufrichtet, denn ansonsten drohen mir nasse und kalte Füße. Nachdem ich die Hütte wieder erreicht habe und vom Umlauf Richtung Südspitze schaue, sehe ich, wie die Luise gemütlich eine Kurve fährt und Axel das Fahrwasser ansteuert. Nun heißt es circa eine Woche warten, bis ich das nächste Mal wieder einen Menschen sehe.

## Anfängliche Aufregung

Am Anfang ist alles neu, und die Zeit rennt. Ich muss mich einfinden, mir einen Überblick verschaffen, am besten nichts verpassen und die Insel kennenlernen.

Es gibt vieles zu verstehen und zu durchschauen. Bestimmte Dinge müssen zu bestimmten Zeiten im Jahr und zu passenden Witterungsbedingungen erledigt werden. Alles Neue ist meistens nervenaufreibend. Im positiven wie auch im negativen Sinne. Und so schwebt eine permanente Aufregung über meinen ersten Wochen auf Trischen. Ich beginne allmählich, den Himmel zu verstehen. Auch die Wellen kann ich ein wenig deuten, und schlussendlich sind sie alle, so divers sie auch sind, Teil desselben Meeres. Ich lerne. Jeden Tag ein bisschen mehr. Ich weiß, welchen Vögeln ich mich gut bis auf wenige Meter nähern kann, ohne sie zu stören. Ich weiß auch, um welche ich besser einen riesigen Bogen schlage. Während dieser anfänglichen Aufregungen fällt mir irgendwann auf, wie lange ich schon hier bin und wie schnell ich alles zurückgelassen habe. Menschen am Festland anrufen ist plötzlich nicht mehr an der Tagesordnung. Vielmehr fange ich langsam an, ganz bei mir zu sein. Ich warte auf Routine. Ich weiß, sie wird kommen, auch wenn ich nie vorhersehen kann, was der nächste Morgen bringt. Ich beginne, mich ein bisschen in der Natur zu verlieren. Ein gutes Gefühl! Ich bin hier – und nur hier. Plötzlich ist der erste Monat vorbei, und ich kann nicht mehr vom Anfang sprechen. Doch ein bisschen Aufregung wird für mich vermutlich immer über der Insel schweben.

## Strandspaziergang I

Ich bin angekommen.
Dort, wo ich meine Füße aufsetze, ist der Sand fest. Das Hochwasser ist vorüber, und die Ebbe setzt ein. Sie hinterlässt nassen, strukturlosen harten Sand, auf dem es sich bequem laufen lässt.

Vor mir liegen lange, große Braunalgen. Der Fingertang. Sie sind vom Meeresgrund hierhergespült worden. Ihre Verankerungen, mit denen sie sich an Steinen halten, sehen aus wie Mangrovenwälder im Kleinformat. Ab und zu wird der Fingertang noch von kleinen heranrollenden Wellen überspült und bekommt Gesellschaft. Hier eine Herzmuschel, da ein Stück Treibholz, aber auch Plastikschnüre und eine tote Eiderente sind dabei. Alles bleibt liegen. Ich lasse es so, wie es aus dem Meer kommt. Plötzlich erklingt feines, hohes Fiepen, und ein Sandregenpfeifer zischt an mir vorbei, hinaus aufs Wasser, schlägt einen Bogen, kommt zurück und landet einige Meter vor mir an der Wasserkante. Ich bin wahrscheinlich seiner Nistmulde zu nah gekommen. Er sieht aus wie ein kleiner Dieb mit seiner schwarzen Augenbinde.

In der Ferne sehe ich einen großen Trupp von etwa tausend Vögeln. Alpenstrandläufer und Sanderlinge. Sie fliegen geschlossen auf, wenden sich nach rechts, wenden sich nach links, alle synchron. Manchmal zur Sonne gewandt und dann von ihr weg. So sehe ich eine Wolke, mal hell, mal dunkel, die sich rauschend zu einem neuen Rastplatz bewegt.

Ich habe die alten Lahnungen erreicht und weiß: Hier ist es schlickig. Die Lahnungen bremsen das Meer, und Sedimente lagern sich ab. Ich mache einen Bogen und gehe ein Stückchen weiter oben am Strand. Das wiederum finden die Möwen gar nicht lustig. Kreischend erheben sie sich von ihren Aussichtsplätzen auf den Dünenspitzen. Ich bin ihnen zu nah. Da müssen sie jetzt kurz durch. Und ich auch.

Heute geht es ganz bis in den Norden. Vorbei an der Kormorankolonie. Das klappt gut. Die schwarzen Vögel recken ihre Hälse und beobachten mich. Nur einzelne fliegen auf, drehen eine Runde und lassen sich wieder bei ihren Artgenossen nieder. Je nachdem, von wo der Wind kommt, rieche ich sie, bevor ich sie sehe.

Im Norden der Insel entdecke ich Seehunde am Strand. Lustig strecken sie ihre Schwanzflosse und den Kopf in die Höhe und genießen das Wetter. Ich will sie nicht aufschrecken und mache kehrt. Vorbei an den Kormoranen, den Lahnungen, den meckernden Möwen, dem Riesenschwarm, der diesmal sitzen bleibt, und dem kleinen Dieb, der Angst hat, dass ich ihm etwas aus dem Gelege stehle. Wer ist hier also der potenzielle Räuber? Der Schein kann trügen. Der Sand ist hart, ich kann gut gehen.

## Mit einem Zilpzalp aufs stille Örtchen gehen

Ein Bretterverschlag mit Panoramablick. Darin: eine auf Planken montierte Klobrille. Darunter: ein Eimer mit Sand. Alles in allem: mein stilles Örtchen.

Der Wind saust mir, je nachdem, wie er steht, um die Ohren. Die Löcher in meinen »Klowänden«, die dafür verantwortlich sind, haben eine ordentliche Größe, sodass der ein oder andere Singvogel problemlos hindurchpasst. Ganz zu schweigen davon, dass die »Tür« nicht im klassischen Sinne ins Schloss fallen kann und eigentlich immer offen steht. »Tag der offenen Tür« – immer und für alle.

So sitze ich also eines Tages auf der Klobrille. Das Fernglas nehme ich inzwischen mit dorthin. Denn wie es der Zufall so will, kommen gern genau in dem Moment ganz besondere Vögel vorbei, wenn ich nicht sofort aufspringen kann, um die Optik zu holen. (Das passiert auch oft beim Zähneputzen. Kurz muss dann drauf achtgegeben werden, sich mit dem Fernglas die Zahnbürste nicht an den Gaumen zu rammen.) Plötzlich bemerke ich also hektisches Geflatter vor der »Tür«, und dann sitzt auch schon ein kleiner olivfarbener Zilpzalp neben mir, legt erstaunt den Kopf schief, fragt sich wohl für einen überraschten Moment, warum ich hier sitze, guckt wieder geradeaus und flattert raus. Kurz war ich erschrocken und musste dann sehr lange und sehr breit grinsen.

Das war sowohl für mich als auch für den kleinen Zweigsänger ein ungewöhnlicher Moment, mit dem wir beide nicht gerechnet haben. An »stillen Orten« ist man gegen Überraschungen nicht gefeit. Und so richtig still ist es an diesem Örtchen sowieso nur äußerst selten. Erst recht nicht, wenn Tag der offenen Tür ist! Mich hat diese unerwartete Sekundenbegegnung für einen wesentlich größeren Moment glücklich gemacht.

## Skuas

Aus den Trischen-Berichten der vergangenen Jahre weiß ich: Die Skuas kommen im Herbst. Wenige, denn Skuas sind Meeresvögel und leben weit draußen auf dem Wasser. Der Küste nähern sie sich nur selten. Wenn es doch passiert, dass sie in Landnähe gesichtet werden, ist meist der Wind dafür verantwortlich. Wenn er stark aus West oder Nordwest weht, dann haben es Skuas nicht immer so leicht, gegen die Böen anzukämpfen. Sie werden verdriftet und sind plötzlich dem Festland näher, als sie es selbst gern hätten. Aber nun ist Frühlingsanfang. Es ist kalt und stürmisch. Wenn man es nicht

Einer der Gäste beim Tag der offenen Tür

Beringte Skua

besser wüsste, könnte man meinen, es sei Herbst, und so zeigen sich dieses Jahr die Skuas auch Ende März. Zu meiner Freude natürlich. Vom ersten Tag an sehe ich über einen gewissen Zeitraum täglich Skuas. Ich könnte ein Tagebuch über sie schreiben. Es gäbe einiges zu berichten, denn schon zwei Skuas bieten genug Stoff, um die ein oder andere Seite zu füllen. Es ist nicht nur so, dass ich die Skuas bei ihren täglichen Raubzügen am Strand beobachten kann, sondern auch seelenruhig auf dem Sand sitzende Exemplare sind zu sehen. Aus der Ferne denke ich: Was hockt da denn für ein großer dunkler Vogel? In so einer Position habe ich einfach nicht mit einer Skua gerechnet. Vorsichtig bewege ich mich auf den Vogel zu. Je näher ich ihm komme, umso tiefer gehe ich in die Hocke. Bloß nicht zu groß wirken. Fernglas und Kamera baumeln mir um den Hals. Allerdings habe ich für den heutigen Tag die Kamera nur mit kleinem Objektiv ausgestattet, und so ist es wichtig, dass ich mich ausreichend annähern kann, um ein Foto zu schießen. Durch das Fernglas habe ich inzwischen erkannt, dass es sich um eine Skua handelt, und mein Puls geht in die Höhe. Dieser Vogel, der seinem Federkleid zufolge erst im vergangenen Jahr geschlüpft ist, erscheint mir geschwächt. Warum sonst würde sich eine Raubmöwe auf den Strand begeben? Sie steht nicht nur einfach da, sondern hat sich richtig niedergelassen. Inzwischen robbe ich fast durch den Sand. Die Kamera ist gezückt, und ich beginne, Fotos zu schießen. Wer weiß, wie weit ich mich noch auf sie zubewegen kann! Ich bin ihr so nah! Ihr schwarzer Schnabel mit dem Haken vorne sieht leicht bedrohlich aus, doch empfinde ich sie als weniger »bösartig« in ihrem Aussehen als die Silbermöwe mit ihren gemein wirkenden gelben Augen. Der Name Raubmöwe lässt ein falsches Bild entstehen. Geht es hierbei doch um ihre Jagdmethode, denn sie raubt anderen Vögeln gern ihre Beute ab. Das war es aber auch schon mit dem Räuberischen an diesen schönen Vögeln. Im Flug zeigen ihre Flügel einen weißen Bereich an den Handwurzeln. Ja, auch Vögel haben Handwurzeln. Dieser macht es mir als Vogelwartin leicht, sie zu bestimmen. Wenn die Skua sitzt, ist diese weiße Stelle allerdings nicht zu erkennen. Und diese Skua sitzt! Deshalb sehe ich die weiße Stelle nicht, die sich irgendwo zwischen den zusammengeschobenen Federn der Hand- und Armschwingen befindet. Ich versuche, noch ein Stückchen näher an sie heranzukommen. Doch nun wird es ihr zu bunt. Sie erhebt sich, ich sehe ihre schwarzen Beine, und was ist das?! Mein Puls, der gefühlt eh schon irgendwo ganz weit oben schlägt, macht einen Hüpfer und droht die Fassung zu verlieren! Die Skua trägt einen Metallring!!! Doch hat sie sich nicht einfach entschieden aufzustehen, sondern beschließt, zügig davonzufliegen. Leider kann ich den Ring nicht ablesen. Mir wird es wahrscheinlich nie wieder passieren, eine Skua so nah vor mir zu haben – denke ich. Falsch gedacht. Denn ich begebe mich nun täglich auf Skua-Pirsch. Und tatsächlich: Wenige Tage später zeigt sich mir das gleiche Schauspiel. Eine Skua auf dem Strand. Hockend. Diesmal weiß ich schon aus großer Distanz Bescheid, was ich dort sehe. Außerdem habe ich vorsorglich das Teleobjektiv mitgenommen, in der Hoffnung auf eine weitere Skua-Begegnung. Wieder gehe ich in die Hocke und nähere mich vorsichtig. Der Blick durch das Fernglas zeigt: Das ist definitiv nicht die gleiche Skua wie vor ein paar Tagen. Gibt's doch gar nicht, denke ich! Was ist denn los mit diesen Skuas! Ihr komme ich nicht so nahe wie der ersten, doch, dem Teleobjektiv sei Dank, gelingen mir von ihr ebenfalls ein paar Fotos. Auch sie erhebt sich, und ich ziehe mich rasch zurück, um sie nicht zum Auffliegen zu zwingen. Ihre schwarzen Beine sehe ich trotzdem sehr gut. Kein Ring. Schade. Trotzdem schön! Diese Skua-Begegnungen sind für mich auf der Insel ein ganz außergewöhnliches und beeindruckendes Erlebnis. In der Stadt rast mein Puls, wenn mir ein Auto die Kurve schneidet oder ich in einen Konflikt mit anderen Menschen gerate. Hier auf der kleinen Insel, ohne Straßen und andere Menschen, ist es die einzelne Skua, die meinen Puls in die Höhe schnellen lässt.

Leider nimmt dieses kleine Skua-Abenteuer ein trauriges Ende, welches aber schlicht den Lauf eines jeden Lebens widerspiegelt: Am Folgetag mache ich mich wieder auf an den Strand. Ich überquere die Düne, gehe ein paar Schritte Richtung Spülsaum, und schon entdecke ich eine Skua. Sie liegt halb auf dem Rücken. Ihre Flügel sind leicht vom Körper abgespreizt, der Kopf ist zur Seite gefallen. Als wäre es eben erst passiert. Die Skua ist tot. Vielleicht ist sie nur an den Strand gekommen, um zu sterben. Es handelt sich um keine der beiden Skuas, die ich vorher beobachtet habe. Diese fotogenen Exemplare sind wahrscheinlich schon wieder auf dem Meer unterwegs, um Fische zu fangen oder anderen Vögeln ihre Beute abzujagen … wer weiß das schon?

## Wattkartierung

Heute wird der Meeresboden kartiert. Das sage ich gerne ganz beschwingt und innerlich grinsend. Nicht weil diese Art der Kartierung meine Lieblingsaufgabe ist, sondern weil es so abstrus klingt! Den Meeresboden kartieren, wie soll das denn gehen?! Wie bei so vielen Untersuchungen handelt es sich auch hier um Stichproben. Mit einer Reihe von Hilfsmitteln mache ich mich auf zu den Probeflächen, die im GPS-Gerät gespeichert sind. Eimer, Röhren, Lineal, die bereits erwähnten Nudelsiebe, und nicht zu vergessen, der Spaten. Ein Quadratmeter wird jeweils abgesteckt, und los geht's. Hier wird die Bezeichnung des Lebensraumes auf den zweiten Blick nachvollziehbar. Es geht um die Beschaffenheit des Bodens und um die Lebewesen, die sich auf der Probefläche befinden. Würmer, Schnecken, Krebse, Muscheln. Und nun ist es natürlich nicht so, dass die Würmer übers Watt kriechen oder die Muscheln (bis auf die Miesmuschel) einfach auf der Oberfläche liegen. Die meisten Organismen leben im Boden. Darum identifiziere ich ihre Spuren, zähle also das, was sie an der Oberfläche bauen, hinterlassen und verursachen. Da wären zum Beispiel die berühmten Häufchen des Wattwurms, die namensgebenden Röhren mit den Bäumchen des Bäumchenröhrenwurms, trichterförmige Löcher die durch das Wasserfiltern der Sandklaffmuschel entstehen. Für kleinere Tierchen, wie die Wattschnecke, den Schlickkrebs oder eben sehr kleine Muscheln, wird dann auch mal eine Röhre in den Boden gedrückt und eine Probe ausgesiebt.

Die Kartierung des Meeresbodens ist eine nette Abwechslung zur Kartierung der Vogelwelt. Doch wird sie spätestens nach der dritten von zwanzig Probeflächen im Watt der schlickigen Südostbucht zum Kraftakt, der Nerven kostet. Bereits nach dem ersten beprobten Quadratmeter sehe ich aus, als hätte ich mich im Watt gesuhlt. Meine Watstiefel bleiben schlicht im Watt stecken. Ich schlüpfe hinaus und lasse sie zurück. O.k. So geht das nicht. Ich muss mich irgendwie selber antreiben, sonst komme ich nie bis zur Probefläche Nummer zwanzig! Und irgendwann kehrt ja auch das Wasser zurück! Also nicht trödeln. Ich arbeite in einem Rhythmus. Und das Auszählen der Wattschnecken bekommt eine Melodie, die nicht nur in meinem Kopf erklingt: Ich singe laut vor mich hin. Nicht darüber nachdenken, wie viele Quadrate noch vor mir liegen. Weiterzählen, weiter Zahlen singen, weitermarschieren und weiter versuchen, das zähe Schlickwatt durch das Sieb zu streichen. Wenn dann nach anstrengendem Aussieben keine Wattschnecke und kein Schlickkrebs im Sieb zurückbleibt, ist das ein kleiner Rückschlag. Keine Wattschnecke ist zwar auch ein Ergebnis, aber keines, das mich zufriedenstellt. Weiter geht's! Wo ist die Melodie? Wo der Rhythmus?

## Vogelnamen

Heute kamen Klappergrasmücke, Mönchsgrasmücke und Dorngrasmücke vorbei. Grasmücken! Warum heißen diese kleinen Singvögel wohl so? Schöne Geschichten könnte man sich ausdenken. Gut, die Mönchsgrasmücke hat ein dunkles Käppchen, das an das eines Mönches erinnern könnte, der Gesang der Klappergrasmücke ist von klappernden Geräuschen durchzogen, und die Dorngrasmücke sitzt wohl häufig in Dornenbüschen. Aber warum Grasmücke? Sprache ist etwas Faszinierendes. Wörter haben lange Geschichten, Bedeutungen verändern und verschieben sich, wie die Zeiten, in denen wir leben, sich verändern. Ich komme ins Sinnieren über die Sprache und die Bezeichnungen »meiner« Vogelarten. Würde man die Mönchsgrasmücke heute, wo der Klerus keine so große Rolle mehr spielt und kaum mehr einer die Feinheiten seiner Kleiderordnung kennt, überhaupt noch so bezeichnen, wenn man sie als neue Art entdecken würde? Beginnt man, mehr zu hinterfragen, wäre die Sprache vielleicht einem noch schnelleren Wandel unterzogen. Oder ganz im Gegenteil? Mir passiert es hier jetzt immer häufiger, dass ich mir Wörter, auf die ich stoße, genauer auf der Zunge zergehen lasse. Was haben sie für eine Bedeutung? Wie klingen sie? Wo kommen sie her? Was wird aus ihnen?

Im Falle der Grasmücke hat es mich nicht losgelassen, und ich habe recherchiert: Grasmücke kommt aus dem Althochdeutschen: Gra-smucka = Grauschlüpfer. Die Farbe der Grasmücken ist mehr oder weniger grau.
Nachtrag zum Nachtrag: na ja.

## Limikolen

Ringe bei kleinen Limikolen, also Wat- und Wasservögeln, ablesen kann eine friemelige Angelegenheit sein. Man kann es sich dabei aber auch schön gemütlich machen und entspannt Zeit am Strand verbringen.
Mit dem geschulterten Spektiv geht es also über den Dünenübergang. Es ist eine gute Stunde vor Hochwasser, der Wind kommt aus Südost und weht nur schwach. Das ist gut, dann wackelt das Spektiv nicht so sehr, und für mein Vorhaben sollte sich besser nichts bewegen; weder ich selbst noch das Spektiv. Die drei Beine des Stativs fahre ich komplett ein, sodass ich auf dem Sand sitzend perfekt durch das Spektiv blicken kann. Das nächste Mal nehme ich mir noch ein leckeres Getränk und eine Kleinigkeit zu essen mit. Damit ist die Situation perfekt. Nun sitze ich also bequem am Strand und gucke durchs Spektiv: Und da nähern sie sich auch schon. Inzwischen weiß ich ganz gut, welche Vögel sich zu welcher Tidezeit wie verhalten, und die Sanderlinge und Alpenstrandläufer, auf die ich heute aus bin, halten sich bei auflaufendem Wasser gerne am Südweststrand auf. Der Ablauf ist immer der gleiche: Die kleinen »Limis« tippeln an der Wasserkante entlang. Wenn eine Welle frisches Wasser heranträgt, geht das große Gestocher los. Denn mit dem Wasser kommt vieles,

das für Sanderlinge und »Alpis« leckere Nahrung ist. So zieht eine lange Schar dieser kleinen Vögel von Süden her den Strand hinauf. Weil Flut ist, kommt das Wasser immer weiter auf mich zu und die Limikolen somit auch. Das war der Plan. In meiner Stellung verharrend, warte ich, bis sie ganz nah sind. Sie haben keine Angst. Viel zu sehr sind sie mit dem Gestochere beschäftigt. Da ist zum einen der Sanderling. Klein und hektisch. Mit seinen schwarzen Beinchen bewegt er sich so flink und ruckartig, dass ich an alte Schwarz-Weiß-Filme denken muss. Weißer Bauch und im Schlichtkleid graue Oberseite. Doch die Jungtiere, die im letzten Jahr geschlüpft sind, haben ein wunderschönes Deckgefieder. Wie schillernde Mosaike sehen sie aus. Jetzt hat einer einen Wurm erstochert, zieht ihn aus dem Watt, und schon ist ein zweiter Sanderling neben ihm. Der Streit ist kurz, und der Wurm bleibt bei dem, der ihn erbeutet hat. Weiter geht's. Einige Alpenstrandläufer sind gerade dabei, ins Prachtkleid zu wechseln. Denn bald geht es los in die Brutgebiete, und es wollen ja alle hübsch sein, wenn die Balz beginnt. Noch sehen ihre Bäuche lustig gesprenkelt aus, doch bald tragen sie eine schwarze Schürze, die ordentlich Eindruck schinden soll (und auf der man Wattflecken nicht sieht). Ihr Schnabel ist ein wenig länger als der des Sanderlings und leicht nach unten gebogen. Ab in eine andere ökologische Nische. Unter Hunderten von Limikolen entdecke ich schließlich einen beringten Sanderling und kann die Farbringkombination erkennen. Wo bist du wohl geboren? Wo beringt? Was hast du schon gesehen von der Welt?

## Eines Morgens

Es stürmt. Als heute Morgen vor Sonnenaufgang mein Wecker klingelt und ich die Regentropfen gegen die Fensterscheibe klopfen höre, drehe ich mich einfach wieder um. Bei diesem Wetter ziehen

keine Vögel, die ich aufschreiben könnte. Darüber hinaus will ich auch nicht bei zwei Grad in Sturm und Regen vor der Hütte auf dem Umlauf stehen. Darum: weiterschlafen. Gedanken kommen, werden zu Träumen. Und zwar zu ziemlich verrückten Träumen. Hier verschmilzt der Inselalltag mit meinem anderen Leben. Da sehe ich plötzlich einen überdimensional großen Kolkraben. Auf ihm sitzt ein Mann, und sie reiten gemeinsam durch ein Kaufhaus.
Häufig wurde ich vor meiner Abreise gefragt, ob ich nicht Sorge hätte, seltsam zu werden, so ganz allein. Nun, meine Träume sind es allemal geworden! In einem anderen Traum ist mein Vater der Vogelwart. Aber es sind noch andere Menschen hier. (Was ist mit dem Betretungsverbot?) Ein Hund reißt einen Seehund, und mein Papa trägt eine Jacke, die eine Mischung aus seiner Daunenjacke und einem historischen Wams ist … seltsam – zumindest der Traum.

## Seeadler

Dass Größe so oft Eindruck schindet!
Heute Morgen bemerke ich einen Möwenaufstand an der Südspitze. Was ist da denn los? Denke ich und schwenke mit dem Fernglas in die Richtung. Und schon fliegt mir ein dicker Seeadler durchs Bild. Sehr entspannt und mit langsamen Flügelschlägen kommt er den Dünenkamm entlanggeschwebt. Die meckernden Möwen lässt er getrost links liegen. Die haben sich für dieses Mal also völlig umsonst aufgeregt. Will er sich kurz ausruhen? Jagdinteresse scheint er nicht zu haben. Und tatsächlich: Der Seeadler setzt zum Landeanflug hinter den Dünen an. Das könnte ein gutes Foto werden, denke ich, schnappe mir die Kamera und hechte Richtung Dünenübergang. Doch als ich den Strand erreiche, ist der große Adler schon dabei, seinen Aufenthaltsort zu wechseln. Er fliegt auf die andere Seite des Priels, der mehr oder weniger parallel zum Weststrand verläuft, und

landet im Watt. Lustig. Denn hier auf dem platten Meeresgrund kann der große Adler nicht viel ausrichten. Zumindest hat er einen äußerst schlechten Überblick und wirkt ein bisschen fehl am Platz. Und was sehe ich: Da sitzt ja bereits ein Seeadler! Nun sind sie also zu zweit. Ihre wuchtigen Schnäbel und ihre massige Gestalt lassen sich gut erkennen. Seelenruhig schauen sie sich um, und während ich das Gleiche tue, kann ich meinen Augen kaum trauen: ein dritter Seeadler! In gleichmäßigem Abstand stehen die drei Riesen wie aufgereiht im Watt. Warum denn bloß? Sammelpunkt? Vielleicht. Jedenfalls machen sie sich kurze Zeit später gemeinsam auf gen Nordwesten. Die großen Flügel werden ausgebreitet, und schwungvoll heben sie ab. Die Handschwingen des Seeadlers stehen sehr weit und gespreizt auseinander, als würde er auf ganz viele Dinge zeigen. Gleichzeitig nimmt es den breiten Flügeln etwas von ihrer Wuchtigkeit und lässt den riesigen Vogel sehr elegant durch die Lüfte gleiten.
Seeadler bauen riesige Horste hoch oben in Bäumen. Selbst für diesen großen Adler sehen seine Bauwerke völlig überdimensional aus, finde ich. Gerne wird ein Horst über mehrere Jahre genutzt und jedes Jahr um nicht gerade wenige Äste, Moos und anderes Baumaterial erweitert. Nachdem durch den Einsatz des Insektizids DDT der Seeadlerbestand rapide abnahm, erholt er sich nun auch in Schleswig-Holstein wieder. Viele Vogelarten, wie der Wanderfalke, weichen zum Brüten auf Trischen auf den Boden aus. Dem Seeadler traue ich das nicht zu. Einen so tollen Horst kann man nur hoch oben in Bäumen bauen. Aber was ist mit der Hütte auf fünf Meter hohen Stelzen?

## Seenebel

Er scheint aus der Salzwiese hoch hinaus zu steigen – der Seenebel. In manchen Momenten lässt er mich nur wenige Meter weit blicken. In anderen sehe ich in der Ferne etwas, das ich nur erkenne, weil ich ganz genau weiß, was sich wo auf der Insel befindet. Beobachten ist meine tägliche Aufgabe, und so ist inzwischen vieles wie ein Foto in meinem Kopf abgespeichert.

Die Luft ist feucht und schwer. Die Feuchtigkeit kriecht unter die Haut, und ein bisschen entsteht das Gefühl, man sauge den Nebel durch jede Pore auf. Wenn man voll ist wie ein Schwamm, hält man sich besser drinnen auf, um zu trocknen.

Der Ofen knistert, und ich habe mir einen erhöhten Platz auf dem Schreibtisch eingerichtet. Das Lockgebüsch nördlich der Hütte habe ich perfekt im Blick. Es steht so nah, dass es nicht vom Nebel verschluckt wird. Ein Kissen im Rücken und mit angezogenen Beinen, sitze ich hier und beobachte. Von Zeit zu Zeit kommt ein kleiner Gast vorbei, landet im Lockgebüsch, schaut sich um, ruht sich aus, verweilt oder fliegt zügig weiter. Schwups, eine dicke Ringdrossel nimmt Platz. Sie thront majestätisch und scheint keine Konkurrenz neben sich zu dulden. Doch die Alleinherrschaft langweilt schnell

und macht einsam. Und so fliegt sie meckernd davon. Der nächste Besucher trägt die gleichen Farben. Ringdrossel und männlicher Trauerschnäpper in Schwarz-Weiß passen perfekt in diese Kulisse, vor der man sich bunte Vögel eher schwer vorstellen kann. Manchmal schweifen die Gedanken, kommen aber immer wieder zurück. Mein Kopf ist ganz frei und klar. Hier herrscht kein Nebel.

## Bird ... äh ... race?

Als heute Morgen mein Wecker klingelt, bin ich äußerst guter Dinge. Schnell die Decke wegschlagen und aufstehen. Ich habe eine positive Vorahnung. Heute kommen die Schwäne. Höcker-, Sing- oder vielleicht sogar ein Zwergschwan? Egal. Hauptsache ein Schwan. Oder am besten doch vielleicht gleich alle drei. Denn heute ist ein besonderer Tag für alle Vogelbegeisterten. Es ist »Birdrace« in ganz Deutschland. Doch dann kommt alles irgendwie anders. Zumindest auf Trischen.

Hier auf der Insel an einem deutschlandweit stattfindenden Ereignis wie dem »Birdrace« teilzunehmen, ist doppelt seltsam. Zum einen, weil sich das, was andere am Festland oder sonst wo tun, ganz weit weg anfühlt und irgendwie nichts mit mir und Trischen zu tun zu haben scheint, und zum anderen, weil es sich auf Trischen im Mai, im Gegensatz zu überall sonst, nicht im räumlichen Sinne »racen« lässt. Aber von vorne:

Immer am ersten Samstag im Mai findet in Deutschland das »Birdrace« statt. In Teams von zwei bis fünf Personen geht es darum, innerhalb von vierundzwanzig Stunden so viele Vogelarten wie möglich zu sehen oder zu hören. Viele Vogelbegeisterte sind auf Fahrrädern unterwegs und machen innerhalb eines Tages ordentlich Strecke, um so viele Lebensräume und Landschaften wie möglich aufzusuchen, mit dem Ziel, zahlreiche unterschiedliche Vogelarten notieren zu können.

Auf Trischen Fahrrad fahren? Überhaupt zur Brutzeit überall auf der Insel rumlaufen? Ein Team aus zwei bis fünf Personen aufstellen? Schnell wird klar: Da gibt es eine Menge Hindernisse! Egal. Was soll's, denkt sich auch das Organisationsteam und macht für Trischen eine Ausnahme. Mein Teampartner ist fiktiv, und Trischen darf teilnehmen. Ich habe mich gut vorbereitet und viele Dinge bereits am Vortag erledigt, um quasi rund um die Uhr beobachten zu können: Wäsche gewaschen, Feuerholz gemacht, einen Teil der Brutvögel kartiert. Zu der Schwierigkeit, auf Trischen viele unterschiedliche landschaftliche Strukturen aufzusuchen, gesellt sich noch ein Wetter, das nicht gerade »birdrace«-freundlich ist. Ordentlich Wind aus der falschen Richtung, Regen, sogar leichter Hagel, dann doch mal kurz Sonne, anschließend wieder Regen, und das alles bei Temperaturen, die mich zwingen, mehrere Schichten warmer Kleidung anzuziehen. Und so stehe ich da. Auf dem Hüttenumlauf und warte. Aber nichts passiert. Jedenfalls nicht viel. Ein einzelnes Rotkehlchen wartet mit mir, aber vergeblich. Auch die kleinen Strandbesuche bringen meiner Artenliste keine große Bereicherung. Mir ist kalt und manchmal auch wirklich ganz schön langweilig! Nur die Standardbesetzung ist anwesend. Das kann doch wohl nicht wahr sein! Es ist »Birdrace«! Denke ich. Und wo sind eigentlich diese verdammten Schwäne?

Weil Samstag ist, kommt Axel. Da bin ich froh. Dann lasse ich das »Birdrace« kurz »Birdrace« sein und gehe auf Kaffee und Kuchen zu Axel an Bord der Luise.

Als ich am Abend die Anzahl der notierten Vogelarten der anderen Teams im Internet sehe, bin ich doppelt frustriert. Vielleicht passt das auch einfach nicht zusammen, und man sollte auf Trischen kein »Birdrace« veranstalten. Vielleicht spricht hier jetzt auch einfach nur die Frustration des Moments aus mir, und an einem anderen Tag mit besserem Wetter hätte ich eventuell mehr Freude gehabt. Das Highlight an diesem ersten Samstag im Mai war definitiv das Kuchenessen mit Axel.

Action im Lockgebüsch: Zilpzalp und Rotkehlchen

Eine von so vielen fehlenden Arten am Birdrace Tag: der Grauschnäpper

## Post

Ich liebe es, Briefe zu schreiben und Briefe zu bekommen. Doch hier, auf der Insel, hat die Post einen ganz anderen Stellenwert. Es beginnt schon damit, dass der Postweg nicht der übliche ist. Ich werfe die Briefe nicht auf die Schnelle im Vorbeigehen in einen Briefkasten, haste weiter, weil ich eigentlich einen Termin habe. Und mit dem Einwerfen sind die Gedanken dann auch schon wieder ganz weit weg vom gerade noch Geschriebenen.

Hier auf Trischen nehme ich mir Zeit zum Briefeschreiben. Kaffee wird gekocht, eine windstille Ecke gesucht, der Brief, auf den ich antworten möchte, noch einmal in Ruhe gelesen, und erst dann geht's los. Briefe schreiben harmoniert gut mit dem entschleunigten Leben hier. Alles hat und braucht seine Zeit. Nichts drängt. Außer vielleicht die Gezeiten. Ist der Brief fertig und in einen frankierten Umschlag gesteckt, steht er meist ein paar Tage im Fensterrahmen über dem Schreibtisch. Denn einen Briefkasten im klassischen Sinne gibt es hier nicht. Posttag ist, wenn Axel kommt. Und so wird die lederne alte Postumhängetasche, die auf der Luise in einem hinter kleinen Luken versteckten Schrank liegt, zu meinem Briefkasten. An machen Samstagen kann ich es gar nicht abwarten und luge schon während des Frühstücks an Bord in die hübsche Tasche. Eigentlich ist immer was dabei. Das ist schön. Mit einigem rechne ich, und anderes kommt überraschend, was die Freude noch vergrößert. Ich öffne die Briefe aber erst an der Hütte. So viel Geduld muss sein, denn ich möchte sie ganz in Ruhe lesen und mich über jeden einzelnen Satz freuen, wundern oder ärgern. Letzteres kommt nur sehr selten vor.

An manchen Tagen hat Axel auch Pakete für mich dabei! Die Menschen, die mir etwas schicken, wissen, was ich hier brauche, nämlich nicht viel und nichts Sperriges, das nur umständlich zu Saisonende wieder ans Festland transportiert werden kann. Das Auspacken dieser Pakete ist mir eine ungemeine Freude. Ich schätze diese Klei-

nigkeiten hier viel mehr. Denn wenn man kaum etwas hat und minimalistisch lebt, sind es die kleinen, mit Bedacht gewählten Dinge, die das Herz zum Hüpfen bringen! Gewollt oder ungewollt tendieren wir Menschen zum Überfluss. Das wird mir auf Trischen, mit dem wenigen, das ich habe, noch einmal verdeutlicht. Mir bereitet der Besitz von überflüssigen Dingen inzwischen ein sehr mulmiges Gefühl. Man hat scheinbar nie genug und strebt immer noch nach mehr. Ich habe auf Trischen gelernt, dass es sich mit der Freude indirekt proportional zu den Gegenständen der Freude vehält: Man freut sich über Kleines sehr viel mehr als über große Dinge, die einen am Ende nur belasten.

## Wenn das Wasser kommt

Sieben Beaufort, der Wind kommt aus Nordnordwest. Es ist Springtide. Lachmöwe, Flussseeschwalbe, Rotschenkel, Vogelwartin, Austernfischer …: Alle wissen Bescheid. Es ist klar, was mit der Flut auf die Insel zukommt. Das Meer möchte sich ein bisschen von dem zurückholen, was ihm gehört. Ist doch Trischen aus dem Meer gewachsen. Und gleichzeitig sind diese Überflutungen wichtig, um der Salzwiese Sedimente zu liefern, die sie wachsen lassen. Ein Geben und Nehmen schaukelt mit den Wellen der Gezeiten hin und her.

Eine nervöse Grundstimmung legt sich über die Insel. Die Vögel sind unruhig und ich mit ihnen. Das auflaufende Wasser stellt insbesondere für die brütenden Lachmöwen eine große Gefahr dar. Die Nester liegen sehr nah an der Wasserkante. Langsam, aber schneller als sonst, füllt sich die Südostbucht mit Wasser. In Kleinstwellen schiebt es sich voran und berührt schon bald die Pionierzone der Salzwiese. Hier wachsen Pflanzen, die sich den ständigen Überflutungen und dem hohen Salzgehalt angepasst haben. Weiter wandert das Wasser und füllt den Hafenpriel, und nun beginne ich, Priele zu entdecken, die ich sonst aus meiner Hüttenperspektive nicht einsehen kann. Das Wasser malt sie aus. Füllfarbe Dunkelblau. Die Lachmöwen wirken zunehmend verzweifelt und fliegen eine nach der anderen aus der Vegetation auf. Das Wasser scheint ihre Nester erreicht zu haben. Ich frage mich immer wieder, warum sie jedes Jahr aufs Neue den Fehler begehen, so nah an der Wasserkante zu brüten. Die größeren Herings- und Silbermöwen haben natürlich die sicheren Plätze weiter oben in der Salzwiese und in den Dünen ausgewählt. Und sie sind in sehr großer Zahl vertreten. Da bleibt den zierlicheren und weniger dominanten Lachmöwen nichts anderes übrig, als auf gefährlichere Brutplätze auszuweichen. Die Kleineren und Schwächeren ziehen hier, wie so oft, den Kürzeren.

Die Tage nach dem kleinen Land unter zeigen deutlich, was das viele Wasser angerichtet an: Die Lachmöwen sind verschwunden. Ein paar einzelne Paare fliegen balzend über der Insel, doch die Kolonie hat sich aufgelöst. Der Bruterfolg der Lachmöwen in diesem Jahr tendiert gegen null. Zumindest auf Trischen. Doch hat die Natur dies mit einberechnet. Gut, dass die Lachmöwen nicht nur ein Ei legen und andernorts die Brutplätze nicht so schnell überspült werden.

## Goldene Hähnchen

Schon etliche Vogelbeobachtungen brachten mich zum Staunen und ließen mein Herz höherschlagen. Doch was das Wintergoldhähnchen, dessen Namen man in mehrfacher Hinsicht nicht zu genau nehmen sollte, an manchen und vor allem am heutigen Tag bei mir auslöst, lässt sich kaum in Worte fassen. Bei dem Begriff »niedlich« schwingt manchmal eine leichte Abwertung mit: Niedliches wird oftmals nicht ernst genommen. Aber in dem Fall des Wintergoldhähnchens ist dieses Adjektiv so was von angebracht! Und zwar ausschließlich im positiven Sinne! Für mich sind Goldhähnchen die Punker unter den kleinen Singvögeln, zumindest wenn man in Stereotypen denkt und ihre »Frisur« in den Blick nimmt. In der Mitte des Kopfes sind Haare, pardon, die Federn der Goldhähnchen, gelb oder orange. Ansonsten ist das Wintergoldhähnchen dezent olivgrün mit etwas Schwarz und Weiß an den Flügeln. Ein schlichtes Kleid mit farbigen Akzenten. Gefällt mir gut! Und weil den Wintergoldhähnchen der Hals zu fehlen scheint und sie sowieso die kleinsten Vögel Europas sind, sehe ich eine Minifederkugel um die Hütte hüpfen. Ab und zu höre ich ein sehr hohes Fiepen. So hoch und schrill, dass es für

Lustig posierendes Wintergoldhähnchen auf dem Hüttengeländer

manche Menschen gar nicht mehr wahrnehmbar sein dürfte. Gut, dass meine Ohren bisher keine Probleme haben, denn so höre ich das Wintergoldhähnchen manchmal bereits, wenn ich kurz vor Sonnenaufgang die Augen öffne. Dann fällt das Aufstehen glatt ein bisschen leichter. Denn zu wissen, dass mich wahrscheinlich ein Wintergoldhähnchen begrüßt, wenn ich die Hüttentür öffne, lässt mich freudig die Decke wegschlagen. Der kleine Hüttengast an diesem Morgen posiert sich putzend perfekt auf dem Hüttengeländer. Die Kamera ist schnell zur Hand, und ich schieße eine sehr lange Fotoreihe. Eine Fotoreihe, die ich mir in den nächsten Monaten immer wieder anschauen werde, um jedes Mal zu grinsen. Wie niedlich kann ein Vogel bitte sein?! Unter den Flügeln wird geputzt, dabei verliert die kleine Federkugel fast das Gleichgewicht, den Schnabel wetzt sie am Holz, sodass ich an eine sehr tiefe Verbeugung denken muss, das Beinchen wird gestreckt, und vor allem schüttelt sie sich frei von all der Last, die sich auf dem Weg bis nach Trischen angesammelt hat. Zunächst hüpft sie aus dem Bild, aber ich sehe sie noch den ganzen Morgen auf Insektenjagd um die Hütte turnen. Was für eine sympathische Gesellschaft! Aber irgendwie passt der Name bis auf die verniedlichende Endung so gar nicht richtig zu dem winzigen Vogel: Es ist Frühling, und das *Winter*goldhähnchen ist zu Gast. Gelb ist die Frisur des Winter*gold*hähnchens, gold sieht da schon anders aus. Na ja, und wie ein großer Hahn … ach, die schicke Frisur in knalligen Farben soll der Hahnenkamm sein? Jetzt kommt es mir erst … Der Blick in ein Buch über die Namen der Vögel Europas gibt abschließend noch mehr Aufschluss: Der wissenschaftliche Name des Wintergoldhähnchens lautet: »*Regulus regulus*: *Regulus* (lat.) kleiner König. […] Der kleinste europäische Vogel ist ›gekrönt‹ mit einem gelben Scheitelstreif.« (WEMBER: Die Namen der Vögel Europas, 2005)

Wenn man es so betrachtet, ist der Name eigentlich doch sehr passend gewählt.

Übrigens gibt es auch eine sommerliche Version des Goldhähnchens! Der auffälligste Unterschied ist der, dass das Sommergoldhähnchen sich die Augen geschminkt zu haben scheint! Auffälliger Lidschatten in hell und dunkel, und eine leicht andere »Haarfarbe« lassen eine Verwechslung mit der winterlichen Variante, die sich mir im Frühling zeigt, eigentlich nicht zu.

## Rohrammersichtung

Eines der besten Beispiele, warum es sich lohnt innezuhalten, zeigte sich mir bei der Brutvogelkartierung.
Dazu laufe ich durch die Salzwiese. Nicht wirr hin und her, sondern entlang bestimmter Transekte, die in dem GPS-Gerät gespeichert sind. Von West nach Ost, von Ost nach West. Hin und her. So arbeite ich mich vor gen Norden. Mal schimpft ein Rotschenkel, mal fliegt mir ein Austernfischer um den Kopf. Alles ausreichend Anzeichen, um sie als potenzielle Brutpaare in die Karte, die ich mit mir trage, einzuzeichnen. Ich berichtete bereits davon, dass der Osten der Insel von Prielen durchzogen ist, die ich nur sehe, wenn sie mit Wasser gefüllt sind. Heute sehe ich sie auch, obwohl sie nicht bis zur Oberkante voll stehen, denn ich muss durch sie hindurch. Und in diesen Prielen hat sich einiges an Sediment abgelagert. Sie sind sehr schlickig. Jeder Schritt lässt mich bis zum Knie einsinken. Oder noch weiter. Rucksack auf dem Rücken, Fernglas und Kamera um den Hals, Klemmbrett mit Karte und Stift in der Hand, und irgendwo baumelt auch noch das GPS-Gerät. Jetzt bloß nicht hinfallen! Ich schwanke, während ich den einen Fuß quitschernd aus dem Schlick ziehe und dabei versuche, das Gleichgewicht zu halten. Prielkante erreicht. Jetzt muss ich mich nur irgendwie wieder auf die höhere Salzwiese hieven. Die Portulak-Kleilmelde, die gerne an den Prielkanten wächst, wird mir an diesem Tag die liebste Salzwiesenpflanze. Ich halte mich an ihr

fest und ziehe mich mit aller Kraft aus dem Priel. Die Karte auf dem Klemmbrett lege ich für diesen Moment neben meine Hände in die Melde. Geschafft. Nach dem dritten Priel merke ich bereits meine Beine. Das wird Muskelkater geben. Nach dem fünften Priel bin ich wütend. Was mache ich hier eigentlich! Meine Wut lässt meine Konzentration schwinden. Das ist nicht gut. Schließlich geht es ja darum, möglichst alle brütenden Vögel zu erfassen. Besser eine Pause einlegen. Ich habe immer etwas zu essen dabei, wenn ich auf der Insel oder am Strand unterwegs bin. Denn meine Sorge ist groß, dass ich irgendwo weit im Norden mal ohne Energie stehe und die Vorstellung, bis zur Hütte zurücklaufen zu müssen, unerträglich ist. Also setze ich mich genervt genau dorthin, wo ich mich gerade befinde, mitten in die Salzwiese. Während ich nun halb sitze, halb liege und meine Energiereserven wieder auffülle, kehrt in mir langsam wieder Ruhe ein. Plötzlich kann ich wieder klar hören und sehen. Und was höre ich da? Ist das nicht eine singende Rohrammer? Und tatsächlich! Plötzlich fliegt ein Rohrammermännchen vor mir tief über die Salzwiese und landet auf einem Strauch. Wunderbar! Es wurden in den vergangenen Jahren immer mal brütende Rohrammern in Trischens Osten beobachtet. Wäre ich einfach in meiner Wut und hungrig weitergelaufen, hätte ich sie definitiv überhört! Ich bin sehr froh, kurz innegehalten und mich besonnen zu haben.

## Europawahl auf Trischen

Lange vor dem eigentlichen Wahltermin habe ich mir rosafarbene (und auch andersfarbige) Umschläge schicken lassen. So einige Zettel sind darin, und ich mache fleißig meine Kreuzchen.
Jetzt ist der Tag, an dem die rosafarbenen Umschläge zurück ans Festland gehen. Mehr oder weniger feierlich packe ich sie an Bord der Luise in Axels lederne Posttasche.

Es ist Europawahl, und Trischen, vertreten durch die einzige menschliche Bewohnerin, ist dabei. Bevor es zum Boot geht, stelle ich den rosafarbenen Umschlag auf das Hüttengeländer und mache ein Foto. Die Insel und das Meer sind der Hintergrund. Wie es so schön heißt: Jede Stimme zählt! Auch die eine einzelne der Trischen-Vogelwartin. Na ja, und da man sich hier nur insofern auf Wind und Wasser verlassen kann, als dass beide immer wieder anwesend oder auch abwesend sind, habe ich schon einen knappen Monat vor dem eigentlichen Wahltermin meine Unterlagen beantragt. Nicht dass der Wind mal wieder auf Osten schwenkt und das Wasser nicht hoch genug auflaufen lässt. Da plane ich lieber sehr weit voraus, sodass, auch wenn Axel nicht wie geplant nach Trischen kommen kann, mein Wahlschein noch rechtzeitig seinen Zielort erreicht. Schon verrückt, an einem kleinen Ort wie diesem bei einer so großen Sache mitzumachen.

## Wenn die Silbermöwe kommt

Wenn die Silbermöwe kommt, sind die kleinen unter den brütenden Vögeln in hellem Aufruhr. In einem Radius von mindestens fünfzig Metern rund um die Hütte gehört das Gebiet den Rotschenkeln. Ganz klar. Manchmal sieht man das schwarz-weiße Gefieder eines Austernfischers aus der Salzwiese hervorblitzen, und die Feldlerchen und Wiesenpieper markieren singend ihr Nest, doch die Rotschenkel dominieren dieses Revier. In der Gruppe ist man stark. Das ist allgemein bekannt. Doch als Koloniebrüter kann man die Rotschenkel nicht bezeichnen. Ihre Gelege sind in der Salzwiese verstreut. Allerdings muss man sehr genau hinschauen, denn gewieft, wie sie sind, ziehen die rotbeinigen Tüter die umliegenden Halme über ihre gesprenkelten Eier. Sichtschutz vor dem Feind. Da kann sich der Austernfischer eigentlich mal eine Scheibe abschneiden, denn seine

Da traut sich jemand was! Rotschenkelnachwuchs im Lockgebüsch

Neuer Sitzposten wird bezogen

Eier liegen nackig im Sand oder in flacher Vegetation – ohne Sichtschutz. Und manchmal mitten in der Großmöwenkolonie!
Die Küken der Rotschenkel sind inzwischen geschlüpft und die Eltern in noch größerer Alarmbereitschaft. Die Kleinen sind zwar Nestflüchter und somit sehr schnell eigenständig und selbstbewusst unterwegs, doch der Beschützerinstinkt der Eltern lässt die Altvögel hohe Sitzposten beziehen. So haben sie eine gute Übersicht und die unternehmungslustigen Küken perfekt im Blick. Überall sitzen sie: auf Pfeilern, dem Hüttendach, der Treppe, dem Hüttengeländer, dem Lockgebüsch, dem Reifen des Handkarrens – alles ist ihnen recht; Hauptsache höher als die Salzwiese. Mal mit Blick gen Süden, mal gen Norden. Mal nach unten und auch mal gen Himmel; immer wachsam und stets tüternd.
Die Silbermöwe wird durch einen etwas langgezogenen, warnenden Ruf der Rotschenkel angekündigt. Und dann geht's los! Die Küken sprinten und stolpern in die höhere Vegetation, und die Altvögel machen sich bereit. Und zwar alle! Denn jetzt halten sie zusammen und verteidigen gemeinsam. Der räuberische Feind kommt tief über die Salzwiese geschossen, und in einem riesigen, tüternden Durcheinander fliegen die Rotschenkel auf die Möwe zu. Da wird verfolgt, gepickt, geschimpft … Manchmal macht die Silbermöwe Flugmanöver, die sehr wackelig aussehen, um dieser Horde zu entgehen, und manchmal erklingen ihre kläglichen Rufe, wenn ein kleiner roter Schnabel mit schwarzer Spitze sie unschön erwischt. Vierzig gegen eine. Trotzdem ist die Großmöwe immer mal wieder erfolgreich auf ihren Beutezügen und fliegt mit einem Küken im Schnabel davon.
Aber die Rotschenkel haben definitiv alles gegeben. Vereint in ihrem Willen, den Nachwuchs zu schützen, haben sie attackiert, gewarnt und gemeinsam gekämpft.
Ist die Möwe fort, beziehen alle wieder ihre Sitzposten. Auf der Hütte, im Lockgebüsch, auf Pfählen, auf dem Reifen des Handkarrens. Der Blick nach Ost, nach West, in die Ferne und immer wieder zurück zu ihren Küken.

## Glücksvögel

Ich glaube, kaum ein anderer Vogel hat einen so langen Wikipedia-Artikel wie der Kranich.
Warum wird man beim Beobachten von diesen riesigen grauen Vögeln bloß so emotional? Alle recken die Hälse, wenn Kraniche ziehen und ihr Ruf vom Himmel erschallt. Es klingt immer ein wenig nach Sehnsucht, vielleicht auch Fernweh und für das ungeübte Ohr eventuell auch einfach ein bisschen nach Gans. Mythologisch sehr aufgeladen hat der Kranich eine weitreichende Symbolkraft: Glück, Wachsamkeit und Klugheit werden dem Kranich zugesprochen.
Die Balztänze der Kraniche sind spektakulär und ihr Masseneinflug an Schlafplätzen ebenso. Der Mensch beobachtet all dies ehrfurchtsvoll und ergriffen. Wie faszinierend der Langstreckenzug der Küstenseeschwalbe und wie elegant das Schlichtkleid des Knutts ist, sehen wesentlich weniger Menschen. Immer wieder sind es die Kraniche, die auch bei Nichtvogelkundlerinnen und -vogelkundlern Faszination auslösen. Vielleicht sind Kraniche so etwas wie die Popstars unter den Vögeln. Da frage ich mich manchmal auch, was diese Begeisterung rechtfertigt. Ich denke an Massenhysterie.
Vielleicht fällt auf: Hier klingt ein bisschen Unverständnis meinerseits mit. Aber nicht nur die Begeisterung der anderen kann ich nicht ganz nachvollziehen – tatsächlich verstehe ich mich selbst nicht so ganz, bin ich doch gegen jede Logik auch ergriffen. Verrückt.
Kraniche gehören nicht nach Trischen. Ihr Zugweg verläuft eigentlich entlang einer völlig anderen Route. Doch passiert es auch dieser sagenumwobenen, glorifizierten Vogelart, dass sie mal kurz vom Weg abkommt.
Eines Tages kreist ein einsamer Kranich minutenlang über der Hütte in der Thermik. Interessante Perspektive für mich. Ich sehe sehr schön die unterschiedlichen Grautöne der Flügelunterseiten. Mein

Nacken wird allerdings etwas steif und meine Arme etwas schwer vom Halten der Kamera über Kopf. Und dann dreht er ab.
An einem anderen Tag kommt eine ganze Familie vorbei! Die Jungvögel eingerahmt von den Altvögeln. Und dann landen sie doch tatsächlich im Osten der Insel! Das ist wirklich ein etwas seltsames Bild. Irgendwie sind diese Vögel zu groß für die kleine Insel. Aber das denkt sich die Kranichfamilie wohl auch und macht sich kurzerhand wieder auf die Reise. Was mache ich mit diesen mythischen Vögeln? Sie können ja nun wirklich nichts für den Hype, der um sie betrieben wird – und ich selber bin ja zugegebenermaßen auch fasziniert. Und was ich damit vielleicht einfach nur sagen will, ist, dass der Mensch bei dieser ganzen Vergöttlichung und Idealisierung nicht den Blick für die Leistung der Küstenseeschwalbe und die Eleganz des Knutts verlieren sollte!

## Ungewöhnlicher Inselbesuch

Morgendliche Routine. Ich stehe auf dem Hüttenumlauf und verschaffe mir einen Überblick. Wie ist das Wetter, welche Vögel sind heute oder für den Moment zu Gast. Die Brandgänse thronen hoch oben auf den Dünenspitzen. Am Fuße der Düne sind Rotschenkel unterwegs. Doch irgendetwas stört die Routine heute. Etwas ist im Busch. Es herrscht eine seltsame Unruhe. Was habt ihr bloß, ihr Vögel? Insbesondere die Rotschenkel verhalten sich komisch. Noch aufgeregter als sonst fliegen sie immer wieder auf, flattern nervös in der Luft und scheinen irgendetwas oder irgendwen von oben herab zu beschimpfen. Gerne bin ich es, die mit dem Gezeter vertrieben werden soll, doch ich bin ja hier auf der Hütte, und die Rotschenkel haben definitiv irgendetwas anderes in der hohen Vegetation entdeckt. Plötzlich erkenne ich den Grund für ihre Aufregung und kann es kaum glauben: Ein Reh hebt den Kopf und schaut mit gespitzten

Ohren und wachsamem Blick um sich. Es ist eine Ricke, ein weibliches Reh. Wie bist du denn hierhergekommen? Selten ist es auch schon in den vergangenen Jahren passiert, dass sich eine Ricke oder ein Rehbock auf die Insel verirrt hat. Die Marner Plate, eine hochgelegene Stelle im Watt, verbindet Trischen mit dem Festland. Bei Niedrigwasser kann man die Insel theoretisch auf diesem Wege zu Fuß erreichen. So sind vermutlich die Rehe der Vorjahre auf die Insel gekommen. Doch die Marner Plate ist im vergangenen Jahr durchgebrochen. Eine breite Rinne hat sich innerhalb kürzester Zeit gebildet, die inzwischen eine Tiefe von etwa zehn Metern aufweist und immer mit Wasser gefüllt ist. Welchen Weg hat das Reh also genommen? Hier kann man nur spekulieren. Klar ist: Es muss mindestens ein Stück geschwommen sein, was durchaus möglich ist. Nun ist es irgendwie hier angekommen und versetzt die ganze Insel in große Aufregung. Inzwischen hat es sich vom Süden der Insel, an der Hütte vorbei, in den nördlicheren Teil aufgemacht. Dort empfinden insbesondere die Möwen seine Anwesenheit als Störung, und das Gezeter ist groß. Es ist Ende Mai. Brutzeit. Da sind sowieso alle in Alarmbereitschaft. Und jetzt erst recht!

Ich kann die Ricke gut mit den Augen oder durch das Fernglas verfolgen. Selbst wenn ich sie nicht sehe, weiß ich trotzdem, wo sie in etwa ist. Die Vögel zeigen es mir an.

Es gibt kein Süßwasser auf der Insel. Vielleicht sammelt sich irgendwo ein wenig Regenwasser, und das Reh findet eine trinkbare Pfütze. Vielleicht. Vielleicht aber auch nicht. Ich sehe die Ricke fast zwei Wochen lang jeden Tag. Die Kartoffelrose schmeckt ihr gut. Immer wieder taucht sie auf. Einmal ist uns beiden nicht bewusst, dass wir plötzlich sehr nah beieinander sind, als ich den Dünenübergang überquere. Sie reckt den Hals und beobachtet mich. Ich bewege mich langsam, bis ich aus ihrem Sichtfeld verschwunden bin.

Es ist wie ein Suchbild mit einem Fehler. Das Bild zeigt eine Wattenmeerinsel, auf der ausschließlich Vögel und Insekten leben. Die

Die Ricke galoppiert an der Hütte vorbei

Seehunde am Strand sehe ich höchstens als Gäste. Säugetiergäste. Sie passen ins Bild. Und mitten auf diesem Stückchen Land ohne Bäume steht nun ein Landsäugetier, das man aus Wäldern und von Feldern kennt. Das wirkt wie ein Fehler.

Nach knapp zwei Wochen zeigt sich die Ricke nicht mehr. Die Vögel haben sich beruhigt, und ich habe aufgehört, nach dem ungewohnten Gast zu suchen, wenn mein morgendlicher Blick über die Insel schweift. Hat sie die Insel verlassen? Und wenn ja, wie? Und vor allem: In welche Richtung hat sie sich aufgemacht? Wenn nicht gen Osten, wird sie ertrunken sein. Denn in alle anderen Himmelsrichtungen ist lange nur Meer. Der Osten ist ihre einzige Chance. Doch das auch nur bei passender Tide. Oder ist sie auf der Insel verdurstet? Und überhaupt? Was hat sie dazu getrieben, sich vom Festland aufzumachen? Wurde sie erschreckt und ist in Panik in das Watt gelaufen? So viele Fragen, auf die, wenn überhaupt, nur das Reh Antworten weiß. Vor mir bleibt vieles im Verborgenen.

## Schwarze Ketten

In wellenförmigen Bewegungen kommen unterschiedlich lange schwarze Ketten auf mich zu und ziehen in großem Abstand über mich hinweg. Mal zehn, mal mehrere hundert Glieder haben diese

Ketten. Manchmal tanzt ein Glied aus der Reihe. Ungewollt wahrscheinlich. Manchmal wird sich neu sortiert, manchmal bleibt die Reihenfolge starr. Am Horizont erscheinen permanent neue Ketten. Was ich sehe, ist ein riesiges Naturschauspiel, das nahezu unwirklich erscheint. Wie viele von euch gibt es bloß? Es nimmt kein Ende! Weißwangengänse sind unterwegs gen Norden. Ein bisschen erinnert ihr permanentes Rufen an bellende Hunde. So lassen sie sich gut von anderen Gänsen unterscheiden. Es freut mich sehr, dass ein großer Teil einer Weißwangenganspopulation den Weg über Trischen gewählt hat, um ihre Zugstrecke zu bestreiten. Es sind wenige Tage mit optimalen Wetterbedingungen, die diesen sogenannten Massenzug begünstigen. Während einige Vogelarten Trischen als Rastplatz während ihres Zuges aufsuchen, halten die Weißwangengänse nicht an. Sie gehen nicht in Landeanflug, sondern bleiben in einer gewissen Höhe und ziehen über mich und die Insel hinweg. Ungreifbar, fast mystisch werden sie dadurch für mich. Und das, obwohl ich doch auch jeden Tag Weißwangengänse auf Trischen sehe! Seit einigen Jahren haben sich Paare entschlossen, Trischen als Brutort aufzusuchen. Die meisten halten sich im großen Möwenwirrwarr im Norden der Insel auf. Lustig strecken sie ihre langen Hälse aus der höheren

Salzwiese. Und so, nur den Kopf sehend, erkennt man doppelt so gut, warum die Weißwangengans auch gerne Nonnengans genannt wird. Denn das helle Gesicht wird durch eine schwarze Haube, die in ein Cape überzugehen scheint, eingerahmt, das stark an den Habit der Nonnen erinnert. Ich bevorzuge allerdings den Namen Weißwangengans. Ich weiß nicht, warum. Die unterschiedlichen Graunuancen ihres übrigen Gefieders, die immer wieder durch Weiß und Schwarz abgesetzt sind, geben diesen Gänsen eine sehr schöne besondere Zeichnung. Doch die Weißwangengänse am Himmel beeindrucken mich weniger durch ihr Federkleid, als schlicht durch ihre Zahl.
Ich steige auf den Turm an der Hütte (hier befindet sich übrigens auch der Blitzableiter) und staune immer mehr: So weit das Auge reicht, überall sind die schwarzen Ketten. Es ist ein Tag mit guten Sichtbedingungen. Der Himmel ist klar, kaum Flimmern. Die Gänse ziehen auch über das Festland, über die Elbe, über die Mittelplate … Sie nehmen an diesem Morgen alles ein. Ich vergesse kurz, dass es neben Weißwangengänsen auch noch eine ganze Reihe anderer Vogelarten gibt, die es zu beobachten gilt. So bin auch ich völlig eingenommen von den dunklen wellenförmig gleitenden Gänseketten.
Nach etwa zwei Morgen hat das Schauspiel leider schon wieder ein Ende. Der Wind hat gedreht und den Massenzug ausgebremst. Schade. Und trotzdem bleibt mir dieses Ereignis sehr deutlich in Erinnerung. Ob mein Bild der unterschiedlich langen schwarzen Ketten dabei hilft, sich vorzustellen, wie beeindruckend dieser Vogelzug ist? Es ist oft schwer, adäquat zu beschreiben, was ich hier draußen sehe, und so versuche ich, Bilder zu finden, die hoffentlich eine gute Vorstellung dessen vermitteln, was ich tatsächlich sehe.

## Die Nachbarin

Lange habe ich überlegt, ob ich von Trischens Nachbarin berichten soll. In einigen Episoden wurde sie erwähnt, aber nicht weiter kommentiert. Stellt sie doch einen enormen Kontrast zu der unberührten Natur da, die mich umgibt. Sie harmoniert nicht mit meinen anderen Beschreibungen der Insel, denn es ist so: Ich sehe sie jeden Tag. Sie ist immer da. Nur bei Nebel oder Starkdunst sieht man sie nicht. Manchmal höre ich sie. In der Dunkelheit leuchtet sie von allem, was in der Ferne zu sehen ist, am hellsten. Sie hat eine Verbindung zum Festland, die ich nicht sehe. Sie verläuft tief unten im Meer, und ihre Existenz ist eine Bedrohung. Die Nachbarin ist formell etwas länger hier als der Nationalpark. Aber das Wattenmeer, die Inseln, die Halligen, die Vögel und all die anderen Lebewesen waren lange vor ihr da! Gegen den großen Willen der Natur, der in diesem Fall vom Menschen gebannt ist, bekam Trischen eine Nachbarin. Eine Nachbarin, die nun südlich thront und vielleicht glaubt, der Natur in allem trotzen zu können. Pure Selbstüberschätzung, die schwerwiegende Folgen haben kann.

»Die Bohr- und Förderinsel Mittelplate liegt fest verankert auf einer Sandbank. Sie kann nicht sinken.« – wintershall dea, Betreiber
»Das einzige Beständige am Wattenmeer ist sein stetiger Wandel.« – Nationalpark Wattenmeer

Die Zeit wird zeigen, ob die Behauptung des Förderinselbetreibers dem Landschafts- und Klimawandel standhalten kann.

## Eine Momentaufnahme in Echtzeit

Einmal mit Fernglas und Spektiv über die Insel schwenken. Die Stammbesetzung für heute wird notiert. Ich setze mich. Diesmal nicht mit Fernglas, sondern mit Stift und Papier. Folgendes passiert und wird direkt notiert. Vom Auge durch die Hand aufs Papier. Das Gehirn bleibt vielleicht kurz mal außen vor:
Ein Fitis hüpft auf den Treppenstufen, schaut sich um, nimmt dabei den ganzen Körper mit, hüpft nach links, nach vorn, im Kreis, fliegt davon. Ein Rotkehlchen lässt sich auf dem Sägebock nieder, den ich aus Schutz vor angesagtem hohen Wasser die Stufen emporhievte. Beugt sich vor, legt den Kopf schief, schaut mich an, hüpft davon. Flattern links von mir, ich beuge mich vor, aber der kleine Vogel ist schon wieder davongeflogen, bevor ich ihn entdecken konnte. Der Fitis ist wieder da. Erneut auf der Treppe. Manchmal findet er dort Insekten. Hüpft – Fitis weg. Kurz keine Vogelbewegung in meinem direkten Umfeld. Plötzlich setzt sich ein Steinschmätzer direkt vor mich auf das Geländer, schaut sich um und fliegt weiter zum Regenmesser. Auch dort kann man gut rasten. Im Vergleich zum Fitis wirkt der Steinschmätzer riesig! Ein Rotschenkel fliegt vorbei. Tütert. Aber der zählt jetzt nicht. Nur die Singvögel direkt bei mir an der Hütte schaffen es in dieser Episode aufs Papier! Stille. Aber ich weiß, sie sind da. Unter mir auf dem Zwischendeck. – Eine Dorngrasmücke kommt von rechts, kurzer Stopp auf dem Geländer, und dann hüpft auch sie auf der Treppe herum. Gleichzeitig kommt der Steinschmätzer wieder hoch, Fitis, kurzer Besuch und Stille. Zurück zum Zwischendeck. Dort wird so einiges gelagert, was den Singvögeln als Versteck dient. Tick-ick-ick. Man könnte meinen, hier wird jetzt berlinert. Aber es ist das Rotkehlchen, das nun vor meinen Füßen auf dem Boden des Umlaufs herumhüpft. Ein Grauschnäpper kommt dazu, kurzer Streit in der Luft. Die Rotkehlchen sehen die Hütte gern als ihr Revier. Beide fliegen davon. Fitis direkt neben mir auf der

Bank, Dorngrasmücke fliegt zum Lockgebüsch, und dann ist da wieder das berlinernde Rotkehlchen. Ein Hausrotschwanz saust in die Hütte und ebenso schnell wieder raus. Alles gut gegangen.

Die Sonne scheint, es weht kein Wind. Langeweile? Was ist das denn?

Wenn ich mich nicht bewege, bin ich für die Vögel fast ein Teil der Hütte. Sie zeigen keine Scheu und kommen nah an mich heran. Es ist ein großartiges Gefühl. Zumindest für einen gewissen Moment glaube ich, dass die Sache mit dem Einschleichen gut funktioniert hat. Ich harre aus. Ich könnte mir dieses Treiben stundenlang ansehen …

## Hoch hinaus

Heute in der Salzwiese unterwegs. Brutvögel kartieren. Doch um die gefiederten Freunde soll es in dieser Episode gar nicht gehen. Im frühen Sommer ist die Salzwiese nämlich wie verzaubert. Dicker Feenstaub hängt zwischen den lila Blüten des Halligflieders. Es ist schwerer Feenstaub, aus dem viele kleine Tierchen herauskriechen. Manchmal hängen sie wie Trauben und scheinen sich nicht ganz lösen zu wollen, manchmal sind sie aber auch schon mutig unterwegs

und erkunden ihr Umfeld. Ihr Name klingt ebenso zauberhaft wie der Feenstaub, aus dem sie gekrochen sind: der Wolfsmilch-Ringelspinner. Und zwar in Raupenform.
In der unteren Salzwiese sind sie fast flächendeckend anzutreffen und erschweren mir das Streifen durch die Vegetation, weil ich ihre Gebilde durch meine Schritte nicht zerstören möchte. Auch ich bin verzaubert.
Später, zurück an der Hütte, mache ich eine lustige Entdeckung. Eine Raupe hat sich hoch hinaus gewagt. Sie krabbelt fünf Meter über der Salzwiese auf dem Geländer des Hüttenumlaufs. Ihr Körper bewegt sich wellenförmig vorwärts. Was sie wohl heraufgetrieben hat? Nahrung wird sie hier nicht finden. Die Sonne steht genau richtig, und ihre Farben und Härchen schillern ganz wunderbar in tausend Facetten. Ein bisschen muss ich an eine weiche Flaschenbürste in Orange und Blau denken. Ich schmunzele. Verrückterweise sehe ich später im Jahr keinen einzigen Falter des Spinners. Was ist bloß aus den vielen Raupen geworden? Vielleicht sind die Falter auch einfach gut versteckt oder haben eventuell sogar die Insel verlassen? Wieder eine Frage, auf die ich erst einmal keine Antwort bekomme.

## Graugänse

Meine Mutter erzählte mir einmal, dass sie Graugänse sehr schön findet. Ich konnte sie nie verstehen. Für mich sahen diese braunen Vögel mit ihren orangefarbenen Schnäbeln, die ihren Namen nicht verdient haben, schlicht langweilig aus. Wieso grau? Orange gehört darüber hinaus nicht zu meinen Lieblingsfarben. Im Gegenteil. Außerdem ist die Graugans DIE Gans. Alle kennen sie. Die meisten tun sie als »Wildgans« ab. Überall taucht sie auf. Ihr Ruf ist omnipräsent. Also, liebe Mutter, was findest du bloß an diesem Vogel? Ich registriere sie, zähle sie, aber schenke ihnen sonst keine weitere Beachtung.

*Schau dir die Ringelgänse an in ihren schwarzen eleganten Kleidern mit dem weißen Ring um den Hals, wie eine Kette, oder die Weißwangengänse, die aussehen, wie in ein Nonnenkostüm gehüllt!*

Heute muss ich zugeben, dass meine Mutter einfach besser hingesehen hat als ich. Dort, wo sie wohnt, gibt es viele verschiedene Gänse, und sie hat diese Vögel offensichtlich genau beobachtet. Hier auf der Insel fliegen die Graugänse manchmal sehr nah an der Hütte vorbei. Und erst jetzt erkenne ich ihr namengebendes Grau. Wenn sie ihre großen Flügel ausbreiten und nicht allzu hoch an mir vorbeifliegen oder sogar einen Bogen schlagen, sehe ich die Oberseite ihrer Schwingen. Und die sind in einem ganz wunderbaren Silber gefärbt! Hinzu kommt noch, dass sie im Vergleich zu den ähnlich aussehenden Saat- und Blässgänsen heller und somit grauer wirken. Aber diese Flügel! Eine verborgene Schönheit. Denn man ahnt nichts davon, wenn sie in der Salzwiese oder, wie bei meiner Mutter, auf den Feldern hinter dem Deich stehen.

Schlichte Eleganz, die sich einem erst dann zeigt, wenn man ganz genau, in Ruhe, mit Muße und Zeit, hinschaut.

## Wer oder was bist du? Woher kommst du? Wie bist du entstanden?

Diese Fragen stelle ich mir oft, während ich auf dem Hüttenumlauf sitze und den Blick über die schwankende Salzwiese schweifen lasse. Ich meine damit nicht mich als Vogelwartin oder generell mich als Menschen, sondern die Insel. Auf Fragen, woher sie kommt und wie sie so geworden ist, lassen sich schnell Antworten finden. Ihre Entstehungsgeschichte ist erforscht und aufgeschrieben. Es verhielt sich in etwa wie folgt: Vor mehreren hundert Jahren schipperten die Fischer durch das Wattenmeer. Die Leute auf See kannten die Gewässer, wussten, wo bestimmte Strömungen sind und wo sich tiefe, wie auch flache Stellen in ihren Fanggründen befanden. Die hohen Stellen waren teilweise Sandbänke, die auch bei einem normalen Hochwasser trocken blieben. Der Wind trieb immer mehr Sand auf diese Bänke und raubte ihnen an anderer Stelle Sediment. Das Gleiche tat das Meer. Immer und immer wieder. Eine dieser Sandbänke hatte, während sie stetig wanderte, eines Tages so viel Sedimentation angesammelt, dass die ersten Pflanzen, deren Samen herangetragen worden waren, sich festhielten und zu sprießen begannen. Sie breiteten sich immer weiter aus, bis sie auch für die Fischer vom Meer aus sichtbar waren. Im Jahre 1854 rief dann ein Fischer aus, er habe hohes Buschwerk auf einer Sandbank gesehen. Trischen war aus dem Meer gekommen. Entstanden ist sie durch die Vegetation, die die Wanderung der Insel mehr und mehr ausbremste. Heute verlagert sich Trischen langsam, aber stetig Richtung Osten. Ihre Form und Lage sind, wie so vieles im Wattenmeer, in Bewegung. Aber wer oder was ist Trischen denn nun? Eine Insel? Oder doch eine Sandbank mit Vegetation? Die Wissenschaft ist sich darüber nicht einig. Aber vielleicht ist das auch ganz passend für einen so besonderen Ort. Es bleibt allen ein bisschen Spielraum, um eine eigene Bezeichnung zu finden. Für mich ist Trischen eine Düneninsel.

## Die Insel und der Mensch

Menschen auf Trischen? Ich habe bisher viel darüber geschrieben, dass Trischen unbewohnt ist. Die Insel ist sich selbst überlassen, und ganz wie es der Nationalparkgedanke besagt, gilt es, die Natur hier Natur sein zu lassen. Doch das war nicht immer so. Die Notwendigkeit, sie unter Naturschutz stellen zu müssen, wurde erst spät erkannt. Trischen ist seit 1909 Seevogelfreistätte. Aber auch dies bedeutet noch lange nicht, dass der Insel ab diesem Zeitpunkt Ruhe gegönnt wurde. Insbesondere ab Mitte der 1920er Jahre galt es, Land zu nutzen, es zu bewirtschaften und von den vielfältigen Erträgen zu profitieren. Auch wenn das besagte Land mitten im Meer liegt. Es wurde Fläche eingedeicht. Ein circa achtzig Hektar großer Koog entstand, und ein mehrstöckiges Gebäude aus Ziegelsteinen wurde errichtet. Vieh wurde auf die Insel gebracht, Ackerbau betrieben und dem Salzwasser der Kampf angesagt. Arbeiter kamen auf die Insel, der Versuch, eine kleine Künstlerkolonie dort entstehen zu lassen, scheiterte, die alljährliche Kutterregatta von Friedrichskoog endete auf Trischen, und anschließend wurde in der Scheune, die inzwischen auf der Insel errichtet wurde und die zu der damaligen Zeit die größte Dithmarschens war, gefeiert.

Doch das Wattenmeer wurde wütend über diese Zustände. Es bäumte sich auf und holte sich das zurück, was ihm gehört. Die Deiche brachen, Salzwasser drang ein. Das Land wurde nutzlos für den Menschen. Wenn ich heute am Strand entlanggehe, sehe ich viele rote Ziegelsteine. Sie liegen, manchmal mit abgeschliffenen Kanten, im Sand oder auf dem Watt. Sie erinnern an diese Zeit, in der der Mensch versuchte, sich die Natur zu unterwerfen. Erfolglos. Das Haus wurde abgetragen, die Steine für »Selbstabholer« zur Verfügung gestellt. Weiterer Deichbau oder andere Schutzmaßnahmen waren zu kostenintensiv. Manchmal stelle ich mir vor, wie der Sichelmond mit zu großer Nase (denn so sieht Trischen aus der Vogelperspektive für mich aus) schadenfroh auf die kleinen Menschen hinabschaut, die glaubten, hier schalten und walten zu können, wie sie mochten. Auch später setzte der Mensch der Insel immer wieder zu. Vogeljagd wurde betrieben, Ausflugsfahrten auf die Insel gemacht und sogar mit einem Flugzeug hier gelandet! Aber damit ist jetzt Schluss. Seit vielen Jahren wird das Betretungsverbot sehr ernst genommen. Dem Nationalpark Schleswig-Holsteinisches Wattenmeer, der seit 1985 existiert, sei Dank. Meine Aufgabe als Naturschutzwartin besteht auch darin, nach Verstößen gegen das Nationalparkgesetz Ausschau zu halten. Ich bin froh, dass der Gedanke, die kleine Hütte auf Stelzen fungiere gewissermaßen auch als Wachturm, nicht allzu beherrschend ist …

## Etymologie

Ich habe hier viel Zeit, um über Namen nachzudenken und Bezeichnungen zu hinterfragen. Warum heißt dieses Stückchen Land Trischen? Die Frage kann ich stellen, die Recherche dazu haben bereits andere erledigt. Bei diesem Stöbern in alten Urkunden und Aufzeichnungen kam zunächst heraus, dass Trischen nicht immer Trischen hieß. Trischen ist nicht einfach entstanden und von einer Minute auf die andere fertig gewesen. Heimlich, zunächst, ist sie dem Meer entstiegen, und als sie entdeckt wurde, bestand sie anfänglich aus Sand, mit kleinen, wenigen grünen Büschchen. So ist es doch nur logisch, dass sich, wie die Insel an sich, auch ihr Name über viele Jahre und Jahrhunderte entwickeln musste! Trischens Morphologie ist weiterhin dynamisch. Ihr Name schon lange nicht mehr. Doch wer weiß, was die Zukunft bringt? Aber zurück zu den Büschchen auf Sand. Auch wenn sich der Name seit der Zeit um 1600, als Trischen das erste Mal Erwähnung fand, immer wieder verändert hat, ist doch zu jeder Zeit eindeutig, dass diese Büschchen, wie ich sie

nenne, immer Ursprung des Namens waren. So wie heute das Wasser westlich von Trischen immer noch Buschsandfahrwasser heißt, wurde Trischen lange einfach nach dem benannt, was man sah. Sand mit Busch. Buschsand. Die Bezeichnung Trischen hat wohl eindeutig niederländische Wurzeln, denn »dat Rießig« lässt sich sehr frei mit »buschähnlichem Wuchs« übersetzen. Und weil, wie so oft, Missverständnisse aufkommen, wenn man eine Sprache hört, der man nicht mächtig ist, und versucht, sie in Schriftform festzuhalten, wurde aus diesen zwei Wörtern im Laufe vieler Jahre eines. Denn im Niederländischen spricht man bei dem Artikel eigentlich nur ein t, sodass sich schnell der Fehler einschleichen kann, es handele sich um nur ein Wort. Dat Rießig – ’t Rießig – Trischen. Dazwischen gab es noch unzählige Bezeichnungen mehr. Wenn ich Menschen erzähle, wo ich mich gerade befinde, schreiben sie Trischen mit ie. Das ist auch naheliegend und war einst tatsächlich die offizielle Schreibweise. Das e fiel weg, die lange Aussprache des Vokals blieb bis heute. Da frage ich mich wirklich, was die Zukunft vielleicht aus diesem Namen macht …

## Waschtag

Ja, auch so etwas muss auf der Insel einmal sein. An schönen Tagen trocknet meine Wäsche schnell in der Sonne und im Wind. Wie sieht so ein Waschtag auf einer Insel ohne fließend Wasser und mit nur begrenztem Strom aus? Ganz einfach: Es gibt einen riesigen Kochtopf. Waschmittel habe ich mir aus natürlichen, biologisch abbaubaren Substanzen selbst hergestellt. Ein bisschen Soda, Kernseife, auch mal Natron und Essig, mehr brauche ich nicht um meine Wäsche sauber zu bekommen. Ich kann zwar keine großen Wäschemengen waschen, aber das brauche ich hier auch nicht. Sieht ja niemand, wenn ich einen Fleck auf dem Pulli habe. Außerdem setzt jeder Waschgang

den Textilien zu, also schone ich meine Wäsche gleichzeitig. Ich nehme kein Trinkwasser zum Wäschewaschen, denn das würde nach sich ziehen, dass ich wesentlich größere Mengen jede Woche über den Strand im Handkarren vom Boot zur Hütte ziehen müsste – und vor allem, dass der Inselversorger sehr viel mehr Trinkwasser vom Festland zu mir bringen müsste. Es hat ausreichend geregnet, und die Regentonnen sind gefüllt. Ich schöpfe Wasser in den Kochtopf und wasche meine wenigen Kleidungsstücke darin. An der Süd- und Westseite des Hüttengeländers, also dort, wo die Sonne am längsten hin scheint, ist eine Wäscheschnur angebracht. Dort hänge ich meine Kleidung auf und lasse sie im Wind flattern.

Mein Waschmittel hat keinen Eigengeruch. Am Abend, wenn die Sonne sich Richtung Norden bewegt und die Luft allmählich auskühlt und klar in meine Nase steigt, nehme ich die Wäsche ab. Der Geruch vom Tag hängt ihr an. Frische, Sonne, ein Hauch von Meersalz. Ich hoffe, er bleibt bis zum nächsten Tag erhalten, wenn ich die Kleidung wieder anziehen werde.

Nicht selten übrigens – vor allem im Frühjahr – passiert es, dass doch ein plötzlicher Regenschauer meine Kleidung ein zweites Mal durchnässt. Aber das ist kein Problem. Dann kommt zu den Gerüchen auch noch der von warmem Regen dazu …

## Sich auflösen?

Ende des Frühlings wage ich eine erste Analyse meiner Beobachtungsweise.
Ich sehe mich mit dem Fernglas vor der Hütte. Die Augen sind leicht zusammengekniffen. Ich beobachte einen Alpenstrandläufer, der stochernd in der Südostbucht unterwegs ist. Das Wasser drängt ihn allmählich immer weiter Richtung Vegetationskante. Hektisch ist er zugange! Das auflaufende Wasser bringt ganz neue Stochermöglichkeiten. Ab und zu geht der Blick nach oben. Droht Gefahr? Kommt ein Fressfeind? Unruhe ist zu spüren, doch der Drang, mehr Futter zu finden, ist groß, und das Gestochere wird immer nur für einen kurzen Augenblick unterbrochen. Ich muss an J. A. Bakers *Der Wanderfalke* denken. Mit seinen detaillierten Beobachtungen und Beschreibungen verfolgt er auch ein ganz persönliches Ziel: Er schlüpft in die Existenz des Vogels, in der er sich aufzulösen scheint. Als mir dies bei der Lektüre des Buches auffällt, frage ich mich, ob es mir bei meinen Beobachtungen ähnlich ergeht. Löse ich mich auf? Ist das mein Ziel? Bei Baker schwingt für mich sehr viel Pessimismus und Unzufriedenheit mit dem eigenen Sein mit. So wird dieses Sichverlieren in den Beobachtungen zu einer Flucht. Flucht in eine andere Existenz, die weit weg ist von den eigenen Ängsten und Sorgen. Ich bin nicht auf der Flucht vor mir selbst. Lediglich der Hektik möchte ich für eine Weile entgehen. Dafür ist Trischen genau der richtige Ort.
Aber trotzdem empfinde ich beim Beobachten ein besonderes Gefühl: Ich kann mich völlig in dieser Situation verlieren. Nicht als Flucht, sondern als Befreiung.

# Im Sommer

»Erleben Sie Ihren schönsten Inselsommer,
denn auf keiner anderen Insel
leben Sie so allein. Allein, aber nicht einsam,
so drückte es mal Johannes Brahms aus.
Anne, bleiben Sie bis Mitte Oktober gesund und
unverletzt, und danach bleiben Sie es ohnehin.
Abgehärtet durch Wind und Wellen.«

– Heinz-Lothar Heimbach, Vogelwart von 1970 auf Trischen,
in einem Brief am 15. Mai 2019

## Junge Stare beobachten

Im Sommer kommen die Stare. In großen Schwärmen sausen sie wie schnelle Wolken über die Insel. Zunächst sind es Alttiere, die von wenigen Jungvögeln begleitet werden. Doch das Verhältnis ändert sich im Laufe der Zeit. Im Juli sind es dann überwiegend Jungstare, die das Lockgebüsch, die Hütte und den Umlauf besetzen und durch ihre lustigen Rufe auf sich aufmerksam machen. So passiert es an einigen Tagen, dass mein Wecker etwas anders klingt, als ich es sonst gewohnt bin.

Stare sind Meister der Stimmenimitation. Ab und zu geben sie komische Laute von sich. Wenn ich durch das Fenster schaue und die Hüttentür geschlossen lasse, fühlen sich die Stare ungestört, und ich kann sie aus nächster Nähe betrachten. Ein lustiges Schauspiel zeigt sich mir: Die jungen Stare können zwar schon recht gut und manöverreich fliegen, doch sobald sie auf ihren kleinen dünnen Beinchen stehen, wirken sie urkomisch und trottelig. Flügel halb angehoben, Kopf und Schnabel darunter gesteckt, putzen, Gleichgewicht verlieren, kurz umkippen, aber sofort wieder aufstehen. Beinchen heben, Kopf drehen, sich kratzen, umkippen und wieder hoch. Einen erstaunten Ruf von sich geben, den Nachbarn auf dem Geländer verdutzt anschauen und weiter. Kopf in den Nacken und dort drehen, Schnabel auf, schwankend, diesmal auf beiden Beinen geblieben. Der Nachbar springt zeternd auf den Rücken, kurze Kabbelei, Absprung, erneutes Gezeter, und weiter wird sich geputzt. Zwischendurch noch hier und da am Holz gepickt, Fressen entdeckt, den Kopf schief gelegt, den Nachbarn angeschaut, den Flügel gehoben, im Wind geschwankt, umgekippt, wieder aufgestanden, und weiter geht's …

oben: gemischter Starentrupp
unten: junge Stare bei der »Gymnastik«

Den Staren kann ich sehr lange zuschauen, ohne dass es langweilig wird. Neben der Tatsache, dass ihr Gleichgewichtssinn wohl noch nicht ganz entwickelt ist, sehen sie auch etwas »unfertig« aus. Ihr Federkleid ist bräunlich mit etwas helleren Flügelspitzen. An der Brust wirkt das Gefieder noch wie ein Flaum, und ihre Augen sind kleine schwarze Knöpfe. Wenn man an die schillernden Altvögel mit dem knallgelben Schnabel denkt, vermutet man nicht, dass aus diesen unscheinbaren, tollpatschigen Federknäueln mal solch prächtige Diven in Glitzer werden.

## Angespülte »Teppiche«

Als ich am Nachmittag, ein paar Stunden nach Hochwasser, an den Strand gehe, zeigt sich mir ein völlig neues Bild. Ich kann fast von schmalen, luftig gearbeiteten Teppichen sprechen, die sich entlang des Spülsaums schlängeln. Sie wirken fast durchsichtig, doch überall sind Akzente in Lila-, Blau-, Rosa- oder Brauntönen gesetzt. Ein Teppich, auf dem man nicht gehen kann. Ich möchte es zumindest nicht, denn jeder Schritt wäre eine ungewisse und leicht instabile Angelegenheit. Ich betrachte den Teppich lieber und staune:

Ein sommerliches Phänomen präsentiert sich mir, das an vielen Inseln und Küstenorten bekannt ist. Ein Phänomen, das meine Gedanken schnell in die griechische Mythologie abdriften lässt. Ich bin fasziniert, drum möchte ich es teilen: Es geht um Medusa. Medusa hat sich selbst verwandelt, um abschreckend zu wirken. Sie hat Schlangenhaare, und ihr Anblick verwandelt jeden zu Stein. Selbst der Titan Atlas erstarrte, als er ihren Kopf sah, woraufhin das Atlasgebirge entstand. Nachdem Medusa geköpft wurde, entsprang ihrem Körper das geflügelte Pferd Pegasos.

Vermutlich fragt sich der ein oder die andere: Was ist denn jetzt da los, am Strand von Trischen? Was liegen dort für Teppiche, dass die

Vogelwartin über griechische Mythologie schreibt? Einige haben es aber vielleicht auch schon erkannt: Es geht um Quallen, die eben auch Medusen genannt werden. Genau genommen ist »Qualle« keine Bezeichnung für ein Tier, sondern vielmehr ein Entwicklungsstadium eines Nesseltiers. Und schon sind wir bei der Parallele zur Göttin. Die Nesseln der Quallen stehen für die Schlangenhaare der Medusa. Für mich existiert noch eine weitere Parallele in ihrer jeweiligen Unwirklichkeit. Wie kann man ein Lebewesen verstehen, das bis zu neunundneunzig Prozent aus Wasser besteht und somit in etwa die gleiche Dichte hat, wie das Element, das es umgibt? Und wie war das mit den Göttern?

Nun ist es allerdings so, dass die Quallen oder eben Medusen, die wie ein Teppich Trischens Strand gestalten, keine Gefahr darstellen. Weder für mich noch für die Götter. Es sind überwiegend blaue Nesselquallen, Kompass- und Ohrenquallen, selten Blumenkohlquallen, die ich erblicke. Sie besitzen nicht die Fähigkeit, Gifte zu injizieren. Wenn sie dem Wasser entrissen wurden und weit oben auf dem Strand liegen, geschieht es manchmal, dass sie komplett austrocknen, sodass sie mit der Sandoberfläche verschmelzen. Nur noch die Nuancen ihrer Farben sind wie Zeichnungen auf dem Sand zu sehen.

Die heutigen Teppiche sind am nächsten Tag verschwunden. Das Meer hat sie mitgenommen, und Medusa ist zurück in ihrem Element.

## Röhr

Es gibt verschiedene Möglichkeiten, zu Wissen zu gelangen. Man kann sich Geschichten erzählen oder die Welt erklären lassen, in Büchern lesen oder durch Ausprobieren seinen Wissens- und Erfahrungsschatz erweitern. Ein amüsantes Beispiel, wie unterschiedlich die Herangehensweisen sein können, ist mir hier auf der Insel widerfahren und hat mich grinsend den Kopf schütteln lassen. Als ein typisches Gericht meiner norddeutschen Heimat kenne ich Röhrkohl. Eine charakteristische Pflanze der unteren Salzwiese. Sieht ein bisschen aus wie Schnittlauch und schmeckt sehr lecker. Salz muss nicht hinzugegeben werden, denn durch das Meerwasser ist der Röhr salzig genug. Die beste Freundin meiner Oma hat mir erklärt, wie man ihn zubereitet. Kartoffeln dazu, das Fleisch lasse ich weg. Meist bekam ich ihn erst zu Gesicht, wenn er schon gestochen war, also in der Küche auf dem Tisch lag. Ich glaube, nicht mehr viele Menschen wissen, wie man bei der Zubereitung am besten vorgeht.

Eine meiner Aufgaben auf Trischen besteht nun auch darin, die unterschiedlichen Pflanzenarten zu erfassen. Es gibt eine lange Tabelle, die im Laufe von vielen Vogelwart:innen-Jahren immer weiter ergänzt wurde. Ich wundere mich. Es kann doch nicht sein, dass in dieser Liste kein Röhrkohl vorkommt! Trischen hat doch eine wunderbare unbeweidete Salzwiese, die sich ausbreiten kann, wie sie möchte. Warum gibt es hier keinen Röhr? Immer wenn ich eine neue

Pflanze entdecke, mache ich einen Vermerk in dieser langen Tabelle, und allmählich ist schon eine ganze Reihe an unterschiedlichen Pflanzenarten zusammengekommen. Doch da steht eine Pflanze, die hier jedes Jahr entdeckt und notiert wird, deren Namen ich nicht kenne. Stranddreizack. Ich recherchiere, schaue mir Bilder an, gehe die Hütte hinunter, reiße einen verdächtigen Stängel ab, beiße drauf und bekomme große Augen. Da ist er doch! Röhr! Schmunzelnd stelle ich fest, dass diese Pflanze je nach Region unterschiedliche Namen trägt. Und weil ich eben nicht durch ein Botanikbuch von ihr erfahren habe und den wissenschaftlichen Namen nicht kenne, sondern nur die Bezeichnung, die meine Oma und ihre beste Freundin benutzten, wenn sie ihn zubereiteten, tappe ich ziemlich lange im Dunkeln. Aber so ist es umso schöner, Licht ins Dunkel zu bringen, als ich auf den Stranddreizack beiße. Diesen Namen werde ich nie wieder vergessen, wiewohl es für mich immer Röhr bleiben wird. Als ich einem Dithmarscher diese Geschichte erzähle, macht dieser wiederum große Augen: Wie, du isst Stranddreizack? Den kann man doch nicht essen! Strandwegerich, der schmeckt gut! Jetzt würden meine Oma und ihre beste Freundin große Augen machen! Strandwegerich? Nee, so was isst man nicht!

## Der Wanderfalke

Unter Vogelbegeisterten (und vielleicht auch über diese Gruppe von Menschen hinaus) besteht eine schon fast mystische Blickweise auf diesen Jäger der Lüfte. Wenn Menschen einen Wanderfalken sehen oder eine Geschichte über ihn hören, werden einige von ihnen ganz ehrfürchtig. Ich schließe mich da mit ein. Es gibt viele Gründe, die es rechtfertigen, diesen großen Falken zu glorifizieren. Der offensichtliche zuerst: Der Wanderfalke ist der Schnellste. Er ist nicht nur der schnellste Vogel der Welt, sondern er ist das schnellste Lebewesen dieses Planeten! Hier bedarf es einer großen, bedächtigen Pause. Hut ab. Ich könnte an dieser Stelle aufhören. Doch seht euch diesen Falken an! Wie anmutig ist seine Erscheinung! Die Brust ist klar und kontrastreich gebändert. Die Flügeldecken in Schiefergrau. Schiefergrau! Was für eine elegante Farbe! Und dann diese Kappenzeichnung! Als trüge er eine Mütze mit Ohrenklappen, oder ist es doch eine große Träne, die hinunterrinnt? Keine bösen gelben Augen wie der Sperber, sondern schwarze runde Kulleraugen, die weise alles zu überblicken scheinen.

Ich sehe jeden Tag mindestens einen Wanderfalken. Oft zwei. Es sind immer dieselben. Es ist ein Paar. Man könnte meinen, dass man irgendwann glaubt »seine« Wanderfalken zu kennen und sie wie Besucher jeden Tag an der Hütte vorbeikommen. So, wie es manch anderer Vogel auch tut. Doch die Wanderfalken bleiben auf Distanz. Als würden sie bewusst mit aller Macht diese besondere Aura aufrechterhalten wollen. Sie bleiben für mich mysteriös und ungreifbar. Wenn große Schwärme von Limikolen an der Südspitze hektisch auffliegen, weiß ich meist Bescheid. Einer der beiden Falken ist auf der Jagd. Manchmal auch beide gemeinsam. Sie durchpeitschen die Luft. Stürzen sich hinab und ergreifen ihre Beute meist im Flug. Niemand jagt so beeindruckend wie sie. Ihr Vorgehen ist genau erforscht und beschrieben. Wenn ich morgens mit dem Spektiv über die Insel schwenke, mache ich in der Regel kurz beim Nordturm halt. Denn nicht selten sehe ich das Wanderfalkenpaar dort sitzen. Es hat eine perfekte Aussicht und seine potenzielle Beute gut im Blick. Einer der beiden sitzt meist ganz oben auf dem Turm, der andere weiter unten auf der Leiter. Obwohl Wanderfalken einen ausgeprägten Geschlechtsdimorphismus aufweisen und das Weibchen wesentlich größer ist als das Männchen, kann ich nicht erkennen, wer oben und wer unten sitzt. Dafür ist der Nordturm zu weit im Norden oder die Hütte zu weit im Süden.

Im Sommer büßte der Wanderfalke ein kleines bisschen von seiner Erhabenheit ein. Schuld daran waren die beiden Jungvögel. Es ist nämlich so, dass das Wanderfalkenpaar auf Trischen brütet. Jedes Jahr – und zwar auf dem Boden. Die Wahl eines ebenerdigen Brutplatzes kommt nicht oft vor. Doch nehmen sie es hier in Kauf, weil ihnen die Insel im Gegenzug die ungestörte Aufzucht ihrer Jungen möglich macht. Außerdem ist das Nahrungsangebot hier enorm. Das Trischen-Wanderfalken-Weibchen trägt einen Ring am Bein. So kann kontrolliert werden, ob es sich weiterhin um das gleiche brütende Exemplar handelt. Die zwei Jungvögel, die im Sommer flügge wurden, sind zunächst noch etwas tollpatschig und naiv unterwegs. Sie wissen nicht, dass ich hier an der Hütte bin, und kommen dieser häufig sehr nahe. Auch direkt am Dünenübergang ruhen sie sich auf Strandseite von Zeit zu Zeit kurz aus und fliegen panisch auf, als ich nichtsahnend zum Wasser will. Die Alttiere würden nie auf so eine Idee kommen. Diese noch etwas unbeholfenen Jungvögel lassen mich manchmal über die Wanderfalken lächeln. Doch nachdem sie von ihren Eltern in die Jagd eingeführt wurden, verlassen sie die Insel, und das Revier gehört wieder allein dem »traditionellen« Paar. Und schon scheint wieder die besondere erhabene Aura um die Jäger der Lüfte auf. Ich beobachte aus der Ferne spektakuläre Jagdflüge und finde die Rupfungen ihrer Beute am Strand.

## Flöhe

Keine Sorge, nicht ich habe Flöhe, sondern der Strand. Und zwar eine ganze Menge. Um es genau zu nehmen, handelt es sich gar nicht um Flöhe, die uns Menschen und Tiere plagen können. Es sind Krebstiere und keine Insekten, die ich erblicke oder vielmehr erspüre. Als ich nach dem heutigen sommerlichen Hochwasser den Strand betrete, verursacht jeder meiner Schritte auf dem harten Sand große

Aufregung. Unzählbar viele Strandflöhe hüpfen auf meinen Füßen herum. Sie haben keinen klassischen Krebspanzer, wie zum Beispiel die Strandkrabbe, sondern sind mehr oder weniger durchsichtig. Dies erschwert das Ausfindigmachen der kleinen Krebse auf dem beigefarbenen Sand. Ich nehme eigentlich nur ihre Bewegung wahr, aber den Strandfloh selbst erblicke ich so gut wie nie. Ein lustiges, fast unsichtbares Schauspiel, das ich also tatsächlich mehr fühle als sehe. Zusätzlich wird meine Strandflohsuche mit bloßem Auge durch ihre Winzigkeit erschwert, denn Strandflöhe sind nur circa fünfzehn Millimeter groß! Sie halten sich gern in den oberen Spülsäumen auf. Dort finden sie viele Algen, die ihnen als Nahrung dienen. Doch wie schaffen es diese winzigen Tierchen, im Sprung ein Vielfaches ihrer Körperlänge zurückzulegen? Es sind einige ihrer paarigen Beine, die sich an dem eingedrehten Hinterleib befinden. Sie sind zu Sprungbeinen ausgebildet und erlauben es den winzigen Krebsen, bis zu dreißig Zentimeter weit zu springen. Die Strandflöhe sind so leicht, dass sie mich kitzeln! Ich beginne tatsächlich, etwas zu kichern, und habe großen Spaß. Kurz fühle ich mich wieder wie ein kleines Kind, das am Strand spielt.

Schwer festzuhaltendes Fotomotiv: der Strandfloh

Sandregenpfeiferküken

Das Vergnügen schlägt schnell in Verzweiflung um bei dem Versuch, die winzigen Minihüpfer vor die Kamera zu bekommen. Unter der großen Anzahl an Strandflöhen findet sich schlussendlich ein geduldiges Exemplar, und ein Foto gelingt. Herausforderung des Tages gemeistert!

## Letzter Nachwuchs

Im August sind nahezu alle gefiederten Inselbesucher flügge. Überall Gezeter, Geflatter, Gefütter, lustige erste Flugversuche – die Insel ist ein riesiger Kindergarten. Der Frühling ist die Zeit der Brut, im Sommer werden die letzten Jungen großgezogen. Doch der Sandregenpfeifer ist ein eifriger Vogel, der auch im Sommer noch brütet. Er beginnt zwar ebenfalls im Frühling, doch reicht ihm meist eine Brut nicht aus, und so entdecke ich mehrmals innerhalb von etwa drei Monaten frisch geschlüpfte Sandregenpfeiferküken, die aufgeregt über den Strand flitzen. Ein brütendes Paar hat sich, wie bereits im Vorjahr, dazu entschieden, sein Gelege nicht am Strand, sondern direkt am Dünenübergang auf der hüttenzugewandten Seite zu platzieren. Glück für die Vogelwartin! So habe ich das Brutgeschehen perfekt im Blick. Bei meinen täglichen Gängen an den Strand werfe ich jedes Mal einen Blick auf die kleinen gesprenkelten Eier. Zwei Indizien zeigen mir aus der Entfernung an, wo genau sich das Gelege befindet: ein auffälliges Büschel Meersenf, das sich zum Trampelpfad hin neigt, und die Altvögel, die sich von den Eiern erheben und mir vor den Füßen herumlaufen, um von ihrem hoffentlich bald schlüpfenden Nachwuchs abzulenken. Nach einem kurzen Blick Richtung Gelege gehe ich zügig weiter. Ich möchte nicht, dass die Altvögel zu lange den Eiern fernbleiben.

Heute geht es nun endlich los! Ich entdecke ein erstes, kleines Loch in der Eierschale! Ein Schnabel ist dahinter zu erkennen. Da würde ich am liebsten die ganze Zeit zuschauen, wie sich die Küken aus den Eiern schälen. Aber wieder gilt: so wenig Störung wie möglich. Während sich die Küken aus der Schale arbeiten, arbeite ich am Strand. Als ich auf dem Rückweg vorbeikomme, ist es dann so weit. Die Küken hocken schon auf dem Dünenübergang! Da muss ich doch ganz schön aufpassen, wo ich meine Füße aufsetze. Sandregenpfeifer sind nämlich Nestflüchter. Nach dem Schlüpfen sind sie fix eigenständig unterwegs. Wenn ich mir diese winzigen, gut getarnten Küken anschaue, kann ich gar nicht glauben, dass sie in der Lage sind, eigenständig auf Nahrungssuche zu gehen. Doch auch an den nächsten Tagen entdecke ich die Küken. Die Altvögel sind immer in der Nähe. Der Nachwuchs tippelt am Strand zwischen dem Muschelschill herum, immer auf der Suche nach Futter und einem wachsamen Auge für den potenziellen Feind.

## Mauser

Entlang des Spülsaums baut sich ein kleines Gebirge auf. Das Meer hat unzählbar viele Federn angespült. Es ist die Zeit der Mauser. Um Trischen versammeln sich Brandgänse und Eiderenten, um ihr Federkleid zu wechseln. Viele Vögel mausern sich peu à peu. Das bedeutet, sie verlieren immer nur so viele Federn, insbesondere die der Flügel, dass sie stets fliegen können. Dies ist überlebenswichtig für sie. Viele Entenvögel gehen da anders vor. Und so verlieren Eiderenten und Brandgänse für eine gewisse Zeit ihre charakteristischste Vogeleigenschaft (neben der Tatsache, dass sie Eier legen): die Fähigkeit zu fliegen.

Brandgänse nutzen seit vielen Jahren das Wattenmeer nördlich der Elbmündung als Mausergebiet. Dort, also hier um Trischen, sind sie relativ ungestört, was sehr wichtig für sie ist, denn jeder erzwungene Fluchtversuch raubt ihnen Energie. Auch das Mausern selbst ist

eine große Anstrengung für die Vögel. Lasse ich meinen Blick über das Wasser streifen, sehe ich überall weiße Pünktchen. Der schwarze Kopf und der rostrote breite Streifen an der Brust der Brandgänse lassen sich aus der Entfernung nur erahnen. Manchmal kann ich beobachten, wie sich die Brandgänse bei Niedrigwasser an der Prielkante aufhalten und sich zu Fuß Richtung Wasser aufmachen, sobald sie eine Störung wahrnehmen. Und das ist spektakulär: Brandgänse sind unglaublich flink zu Fuß unterwegs. Es wirkt fast wie ein weißer, mobiler Teppich, der sich »weich« und geschwind Richtung Wasser bewegt. So schön dieses Schauspiel auch ist, ärgere ich mich aber über die Störung der Vögel, da ich genau weiß, was dieser zusätzliche Energieverlust für die Brandgänse bedeutet.
Wenn sich nach Hochwasser das Meer im Westen der Insel langsam zurückzieht und die ersten kleinen höheren Wattflächen sichtbar werden, legt sich ein dunkler Teppich auf sie. Es sind Eiderenten, auf die diese Flächen eine magische Anziehungskraft haben. Durch das Fernglas beobachte ich, wie sich Tausende von ihnen schwimmend aufmachen, um dort trockene Füße zu bekommen. Fast ausschließlich Erpel versammeln sich für die Mauser um Trischen. Die Weibchen wechseln ihr Federkleid meist an ihren Brutorten. Das Schlichtkleid der männlichen Eiderenten ist dunkel. Ihr Prachtkleid ist schwarz-weiß mit klaren Abgrenzungen. Nun wechseln sie vom Prachtkleid ins Schlichtkleid. Und jede männliche Eiderente sieht anders aus. Alle unterschiedlich dunkel gescheckt, alle wunderschön.

Abgeworfene Feder

*Somateria mollissima*. Ihr Name ist so schön wie ihr Aussehen. Neben ihrem besonderen Gefieder ist es vor allem ihr Profil, das mich fasziniert. Während andere Enten und Gänse eine mehr oder weniger vorgewölbte Stirn haben, die sehr kurvig in den Schnabel übergeht, ist das Profil der Eiderente überhaupt nicht kurvenreich. Vielmehr eine gerade Linie von Stirn zum Schnabel ist zu erkennen. Und dann ihr Ruf! Zurzeit höre ich ihn leider selten, aber wenn, dann klingt es, wie nicht von dieser Welt. Ich könnte seitenweise über Eiderenten schwärmen, deren Federn nun den Strand gestalten. Leicht, wie sie sind, werden sie, wenn die Sonne scheint und sie schnell trocknen, Richtung Dünen geweht. Einige bleiben auf dem Weg dorthin irgendwo hängen. Sie sind überall und liefern schöne Fotomotive.

## Vom Betreten

Die Autorin Mariana Leky, deren Bücher ich sehr mag, fragte schreibend in *Was man von hier aus sehen kann*, ob, wenn man ein altes Haus betritt, man auch von diesem alten Haus betreten wird. Ich kann ihr nur beipflichten: Auch wenn man eine einsame Insel betritt, wird man von der einsamen Insel betreten. Die Frage, die darüber hinaus aufkommt, ist die, ob man das Betreten zulässt oder die einsame Insel oder das alte Haus rückwärts hinausschiebt und vielleicht sogar anschließend die Schotten dicht macht. Schade, wenn man das tut. Aber überhaupt die Tür zu sich selbst zu öffnen, bedarf viel Konzentration, Bestimmtheit und Ruhe. Atmen hilft. Immer wieder. Ganz tief. Atmen, runterfahren, die Arme baumeln lassen, sich leicht machen. Ich glaube, mir ist das passiert, als ich zu Saisonbeginn auf der Luise saß. Auch jetzt erlebe ich immer wieder Tage, an denen ich bewusst verharre. Ich komme zur Ruhe. Den Blick nach vorn, die Augen weit und neu geöffnet, die Sinne geschärft und atmend. Tief und immer wieder neu.

## Ins kalte Nass

Mit der Entscheidung, sieben Monate ganz allein eine Insel zu betreuen und naturkundliche Arbeit leisten zu wollen, geht unweigerlich die Auseinandersetzung mit der Frage einher, ob man so zurückgezogen leben kann und möchte. Natürlich kann man absolut aufgehen in seiner großen Aufgabe des Beobachtens, doch ich denke, jeder Vogelwart und jede Vogelwartin kennt dieses Gefühl des In-der-Luft-Hängens und die Frage: Was mache ich hier eigentlich? Ich habe dieses Gefühl sehr gut kennengelernt. Es gibt immer irgendetwas zu tun, klar. Doch manchmal, wenn die Ereignisse sich wiederholen und sich keine Abwechslung bietet, fehlt die Kraft, erneut zum Fernglas zu greifen. Es ist vor allem der Sommer, in dem diese Momente sich häufen, denn im Sommer ziehen nur wenige Vögel. Alles wirkt ein bisschen wie erstarrt. Das Brutgeschäft ist natürlich in vollem Gange, doch die Vogelwartin ist dabei passiv. Vieles geschieht im Verborgenen. Die meisten Nester sind gut versteckt, die Küken ducken sich in die Vegetation, und die Altvögel tun alles, um ihren Nachwuchs zu schützen. Der Mensch will und soll dabei nicht stören.

Da stehe ich nun und gucke durch das Spektiv. Ich sehe das, was ich jeden Tag sehe: Rotschenkel in der Südostbucht. Mausernde Brandgänse und schimpfende Seeschwalben. Meckernde Möwen, nahrungssuchende Austernfischer und die dümpelnden Eiderenten vor West. Dreißig Minuten später, der Blick durchs Spektiv: nahrungssuchende Rotschenkel. Watschelnde Brandgänse. Fischchenbringende Seeschwalben. Raubende Möwen. In Formation fliegende Austernfischer und sich mausernde Eiderenten vor West. Da heißt es: schön am Ball bleiben, um den einzelnen Kampfläufer nicht zu verpassen. Doch irgendwann drückt eine unangenehme Schwere. So schön das Beobachten auch ist: Wo ist er denn bloß, dieser vermaledeite Kampfläufer! Schnell fehlt auch schon der Elan zum Essenmachen, zum

Vogel-oder-Wetterdaten-in-den-Computer-Tippen, zum Wäschewaschen. Da heißt es manchmal, kurz auszubrechen und neu zu beginnen. Mir half dabei immer der Sprung ins kalte Nass. Baden gehen. Die Schwere abwaschen, sich von der Kälte des Meeres wach rütteln lassen. Kurz mit dem Kopf unters Wasser. Salz auf den Lippen, Salz in den Augen. Gut so! In nicht allzu großer Ferne hebt ein Seehund neugierig den Kopf aus dem Wasser, schaut zu mir herüber und fragt sich wahrscheinlich, was ich da wohl mache. Ja, was mache ich da bloß? Das frage ich mich auch. Doch zurück am Strand, in das warme Badetuch gewickelt und trotzdem zähneklappernd, weiß ich die Antwort auf diese Frage wieder. Irgendwo weit draußen ist eine viel größere Antwort, und mit jedem Sprung ins kalte Wasser komme ich ihr vielleicht etwas näher. Jetzt geht es erst einmal zurück über den Dünenübergang. Denn wer weiß, es könnte sich ja ein Grünschenkel zu den Rotschenkeln gesellen, die Brandgansküken besiedeln endlich die Südostbucht, die Seeschwalben haben vielleicht doch Bruterfolg, unter den Möwen steht eine aus dem Mittelmeer, ein Austernfischer hat einen Ring am Bein, und die Eiderenten sind sowieso die Schönsten von allen! Da kann der Kampfläufer getrost sonst wo bleiben, und ich tippe Daten in den Computer, während ich mich beim Mitsingen der Musik aus der Box auf dem Schreibtisch völlig verausgabe. Das Salz schmecke ich immer noch auf den Lippen.

## Vom Hörensehen I

Während ich barfuß und mit einer Kaffeetasse neben mir vor der Hütte sitze und von Zeit zu Zeit durch das Fernglas schaue, bin ich einer permanenten Geräuschkulisse ausgesetzt. Natürlich ist da zunächst das leise Raunen des Windes, das knisternde Rauschen der sich brechenden Wellen und das *Wusch* eines vorbeifliegenden Starentrupps, der mich das Fernglas beiseitenehmen lässt. Nicht absenken, nur kurz neben die Augen, um immer bereit zu sein. Unbewusst lausche ich stetig dem Fiepen, Zwitschern, Gurren und Piepen der unterschiedlichen Vogelarten. In der Vogelkunde-Literatur findet man zu vielen Vogelgesängen und Rufen eine Aneinanderreihung von Buchstaben, die diese verständlich in Schriftform festhalten sollen. Allerdings ist es meiner Meinung nach notwendig, die Vogelstimmen draußen gehört zu haben. Sonst geben einem diese Beschreibungen nicht viel. Learning by Doing ist zumindest für mich an dieser Stelle die beste Lernmethode.

Ich finde es interessant zu beobachten, wie die Ohren dieses Klangwirrwarr als den Alltagszustand wahrnehmen. Während zum Beispiel ständig wummernder Bass sich bisher niemals so weit in mein Gehör schleichen konnte, dass er fast zu einem Teil von mir wird, gelingt es bei Vogelstimmen sehr gut. Sie wabern so dahin. Kommt ein Vogel vorbei, der ein seltenerer Gast ist, nehme ich seinen Ruf sofort wahr, auch wenn ich ihn noch gar nicht zu Gesicht bekommen habe. Der Ruf lässt mich aufhorchen. Ich bin aufmerksam. Augen weit auf, aufrecht hingesetzt, ohne Fernglas zunächst einen Überblick verschaffen.

Eines ist klar: Das Vögelhören ist keine Wahrnehmung auf Umwegen. Es ist dem Sehen und Beobachten gleichgestellt. Denn so einzigartig wie das Erscheinungsbild sind auch der Gesang und die Rufe.

## Vom Hörensehen II

Nicht nur für mich als Vogelwartin sind Hören und Sehen zwei Möglichkeiten des Herangehens, auch für die Vögel selbst sind dies zwei Strategien. Eines der besten Beispiele zeigt sich mir bei Niedrigwasser direkt vor meiner Nase in der Südostbucht. Zum einen sehe ich die Rotschenkel. Unruhige, wuselige, langbeinige Watvögel, die nie still halten. Es wird gestochert und getippelt. Nahezu permanent. Überall sehen sie Indizien dafür, dass um sie herum Nahrung im Wattboden versteckt ist. Da wollen sie mit ihrem langen Schnabel ran. Die Rotschenkel kann man aus großer Distanz bereits an ihrem Verhalten erkennen. Mir ist kein anderer Vogel untergekommen, der mit so viel Elan Nahrung sucht (außer vielleicht der Sanderling). Während für ihn Sehen, dann Stochern die Strategie ist, greift der Kiebitzregenpfeifer auf ganz andere Methoden zurück. Wenn ich ihn durchs Fernglas oder Spektiv beobachte, werde ich meist sehr entspannt und ruhig. Der Kiebitzregenpfeifer strahlt eine große Gelassenheit und Konzentration aus. Er hält inne. Mitten im Schritt. Bewegt sich nicht und hört einfach. Er lauscht dem Wattboden und seinen Bewohnern. Gelangt ein bestimmtes Geräusch an sein Gehör, verortet er es, und dann geht es blitzschnell. Nur ein gezielter Stoß mit dem sehr kurzen Schnabel, und die Nahrung ist erbeutet. Anschließend heißt es wieder: ausharren.

Jeder Vogel hat seine Strategie, ans Ziel zu kommen. Je nach Voraussetzung und Konstitution.

## Segeln gehen

Die heiße Sonne neigt sich im Westen langsam zum Horizont. Das Meer ist taubenblau mit hellen Rüschen, die mit dem Wind kommen und gehen. Die Nuancen der Salzwiese sind kaum zu erkennen. Die Sonne raubt ihr die Farbe.

Die Möwen segeln über die Dünenkette. Kein Flügelschlag ist notwendig. Mal rasant mit aufwendigen Manövern, mal entspannt, fast bis zum völligen Stillstand in der Luft – je nachdem, wie sie zum Wind stehen. Es gleicht einem abendlichen Spaziergang. Flanierend und plaudernd. Selten gerät hier jemand in Aufregung. Der Tag neigt sich dem Ende entgegen. Das Werk ist vollbracht: das angeschlagene

Gefieder geputzt, der noch nicht flügge gewordene Nachwuchs versorgt, der eigene Magen mit Muscheln und Krebsen gefüllt.
Die Möwen segeln hin und her, geben ab und zu Laute von sich. Diese abendliche Unternehmung ist weder ziel- noch zweckgerichtet. Es ist reines Vergnügen. Aber wenn das nicht eigentlich der größte Nutzen überhaupt ist!
Auch mein Tagwerk ist vollbracht. Ich lasse heute meine Gedanken flanieren, schaue vom hölzernen Hüttenumlauf den Möwen zu und gehe mit ihnen segeln. Einfach zum Vergnügen.

## Zugplanbeobachtung

Zugvögel ziehen meist im Frühjahr und Herbst. Entweder geht es auf in ihre nördlich gelegenen Brutgebiete, dies geschieht im Frühjahr, oder aber sie machen sich im Herbst auf in Richtung Süden, um in wärmeren Gefilden zu überwintern. Beide Jahreszeiten haben eine Gemeinsamkeit: Am Morgen ist es kalt. Das bedeutet für Menschen, die systematisch den Vogelzug erfassen, etwas Überwindung. Da die Hauptzugzeit der meisten Vogelarten in den ersten Stunden des Tages liegt, heißt es, bei Sonnenaufgang draußen zu sein.

Im Frühjahr und Herbst heize ich die Hütte mit Treibholz. Beim Zubettgehen lege ich noch einen letzten großen Holzscheit in den kleinen Ofen. Während ich schlafe, erlischt das Feuer, und die letzte Glut bröckelt kupferfarben auseinander. Es wird kalt. Aber ich schlafe unter meiner superwarmen Decke und merke es nicht. Der Wecker klingelt. Inzwischen bin ich zur Meisterin im Den-Wecker-unter-einer-Sekunde-Ausmachen geworden. Noch einmal umdrehen. Nur ein Mal. Nicht wieder einschlafen! Vorsichtig strecke ich einen Arm unter meiner superwarmen Decke heraus und ziehe ihn schnell wieder zurück. Obwohl ich genau weiß, was mich am Morgen erwartet, ist es jedes Mal aufs Neue eine kleine Qual. Jetzt aber los. Superwarme Decke beiseiteschlagen, raus aus dem Bett, rein in Leggings, Hose, mindestens drei Lagen für den Oberkörper, zwei Paar Socken, Stirnband, gefütterte Gummistiefel. Aber alles ist kalt. Ausgekühlt von der Nacht. Schnell heize ich den Ofen an, aber der wärmt natürlich nicht von jetzt auf gleich. Langsam, ganz langsam staut sich ein wenig Körperwärme unter den Kleidungsschichten. Jetzt geht es raus. Von wo kommt der Wind? Aus Westen. Mal wieder. Gut. Dann positioniere ich mich im Osten der Hütte im Windschatten. Das Spektiv ist aufgebaut, das Fernglas hängt um den Hals, Kamera und Aufnahmegerät, Stift und Notizbuch – alles liegt bereit. Es kann losgehen.

Wo seid ihr bloß, ihr Vögel?

Ganz anders und in manchen Dingen doch sehr ähnlich lässt sich die Zugplanbeobachtung an warmen Tagen beschreiben:
Zunächst ist der Ofen nicht mehr vonnöten. Der Wecker klingelt. Ich bin weiterhin Meisterin im Wecker-unter-einer-Sekunde-Ausmachen. Umdrehen. Nur ein Mal. Ja, auch an warmen Tagen fällt das frühe Aufstehen schwer. Vor allem weil die warmen Tage im Sommer sind und die Sonne somit noch früher aufgeht, Erfassung

jedoch schon in der Morgendämmerung beginnen muss. Decke zurückschlagen, aufstehen, Kaffee. Während das Wasser auf dem Gasherd langsam zu kochen beginnt, trage ich das Spektiv vor die Hütte, hänge mir das Fernglas um den Hals, lege Kamera, Aufnahmegerät, Stift und Notizbuch bereit. Zeit, den Kaffee aufzugießen! Dieser beste Geruch der Welt steigt in meine Nase. Ich atme ein erstes Mal an diesem Tag bewusst tief ein. Sobald der Kaffee fertig ist, gehe ich damit hinaus. Woher kommt der Wind? Aus Westen. Mal wieder. Also positioniere ich mich im Osten der Hütte. Es kann losgehen. Ich schaue über die Insel, die ganz langsam erwacht. Die Sonne erhebt sich im Osten über dem entfernt liegenden Festland. Ich atme ein zweites Mal tief ein.

Und dann kommen sie auch schon.

Kein Morgen ohne Kaffee! Aber warum habe ich ihn in meiner ersten Beschreibung der Zugplanbeobachtung während der kalten Jahreszeiten nicht erwähnt? Vermutlich haben die kühlen Temperaturen alle schönen Momente überschattet: das tiefe Atmen, die Schönheit des Vogelzugs und eben auch die erste morgendliche Tasse Kaffee.

## Stille

Ich habe nicht für möglich gehalten, dass tagsüber eine Art Stille einkehrt. Es ist eine ganz besondere Stille, die ich kurz erklären möchte. Viele Menschen verbinden mit Stille das Ausbleiben von Umgebungsgeräuschen der Stadt, des Verkehrs oder das Schweigen anderer Menschen. Wenn es danach geht, herrscht auf Trischen fast rund um die Uhr Stille. Das ist doch etwas! Wie bei so vielem ist es auch hiermit so, dass man sie meist erst schätzt und vermisst, wenn sie verloren ist.

Die Stille, die ich allerdings anfänglich meinte, ist das Schweigen der Vögel. Bei Niedrigwasser scheint die Insel manchmal wie leer gefegt. Natürlich sind immer noch Vögel zu sehen, aber die großen Trupps und Schwärme tippeln irgendwo weit draußen im Watt herum, auf der Suche nach Nahrung. Heute ist ein Tag, an dem sich die Vögel, die sich auf der Insel aufhalten, ducken und verstecken. Als wollten sie unsichtbar sein. Vielleicht ist ihnen der Wind, der mit sieben Beaufort aus Ost bläst, zu viel. Und so passiert es tatsächlich, dass für eine knappe Minute Stille herrscht. Kein Rotschenkel tütert, keine Seeschwalbe krächzt, keine Möwe schreit, und kein Wiesenpieper fiept.

Alles legt sich nieder. Alle sind bei sich.

In dieser Stille nehme ich den Wind überdeutlich wahr. Scharf saust er um die Hütte, und die Böen bringen sie ins Schwanken. Ganz unterschiedliche Tonhöhen erklingen, je nach Winkel und Geschwindigkeit. Der Wind lässt die Salzwiese ganz leise flüstern und den Sand mit einem sehr feinen Ton über den Strand wehen. Die kleinen Böen verursachen ein unregelmäßiges Rauschen in meinen Ohren. Ein schöner, wohlklingender Akkord und in seinem Gesamtklang in einer perfekten Lautstärke, die alles erfüllt.

Wie war das mit der Stille? Was erklingt wohl, wenn auch der Wind einmal nicht mehr weht?

Ich habe mal irgendwo von einer Stille gelesen, die »ihre Zähne fletscht«. Das fällt mir gerade ein. Stille kann tatsächlich bedrohlich wirken. Denn sie öffnet Türen. Türen für Gedanken, die sonst ausgesperrt bleiben. Nun kommen sie mit gefletschten Zähnen immer näher. Aber dies passiert mir hier nie. Durchaus öffnen sich diese Türen, aber es kommt nie etwas Bedrohliches zähnefletschend auf mich zu.

## Sich alleine freuen

Morgendliche Routine. Ich schwenke langsam mit dem Spektiv über die Insel und verschaffe mir einen ersten Überblick. Welche Vögel sind noch da? Welche vielleicht bereits weitergezogen? Wie geht es dem Seeschwalbennachwuchs nördlich der Hütte? Es ist Hochwasser. Die Priele, die auf die Insel führen und ihr Adern verleihen, sind mit Wasser gefüllt. Und was sehe ich da plötzlich in einem dieser Priele? Brandganskūken! Einundzwanzig an der Zahl in Begleitung zweier Alttiere. Mir fällt ein Stein vom Herzen, denn sie waren lange verschwunden, und ich hatte bereits begonnen, mir Sorgen um die Halbgänse mit dem besonderen Lebensstil zu machen. Nun sind sie da! Wie schön! Mir fällt nicht nur ein Stein vom Herzen, sondern mein Herz geht auf. So stehe ich auf den Planken des Hüttenumlaufs und freue mich ganz für mich allein. Und für die Brandgänse.

Es ist schön festzustellen, dass man sich ganz allein an Momenten erfreuen kann, denn oft heißt es, dass solche Momente erst richtig schön werden, wenn man sie mit jemandem teilt. Ich habe schnell gelernt, dass dies nicht so sein muss. Beziehungsweise, dass es neben der geteilten Freude eben noch eine andere gibt, die anders intensiv ist. Meist habe ich nicht mehr das Verlangen, das gerade Gesehene auf der Stelle jemandem mitzuteilen. Natürlich, ich mache mir eine Beobachtungsnotiz, aber das war es dann erst einmal mit der Mitteilung.

Erfüllt harre ich noch ein wenig mit dem Spektiv bei den grau gemusterten Küken aus, die aufgeregt im Wasser strampeln, und schwenke anschließend ganz beschwingt das Spektiv zum nächsten Groß- oder Kleinereignis.

Den oben genannten besonderen Lebensstil möchte ich aber noch etwas genauer erklären. Das mache ich mit großer Freude, bin ich doch begeistert vom Miteinander der Brandgänse! Brandgänse tun viel gemeinsam in Gruppen: balzen, Eier legen, Küken betreuen.

Wenn es darum geht, dass sich Weibchen und Männchen zusammenfinden und einen geeigneten Brutort aufsuchen möchten, versammeln sich die Vögel gern auf den Dünen und vollziehen lustige Kopfbewegungen. Hier dominiert das Imponiergehabe der Männchen (was dies anbelangt, zeigen die Brandgänse ein Verhalten, das wir bei fast jeder Vogelart finden). Auch auf Brutortsuche begeben sie sich oft in Gruppen, die Weibchen bestimmen den Platz und legen gern ihre Eier in ein und dieselbe Höhle. Ja, Höhle, denn Brandgänse sind Höhlenbrüter. Durch die Nutzung eines gemeinsamen Brutplatzes können sie sich sehr effizient mit dem Bebrüten der Eier abwechseln. Wenn dann der Nachwuchs da ist, werden erst einmal Kindergärten gebildet. Das bedeutet, dass eine große Gruppe Brandgansküken aus unterschiedlichen Familien mit ein bis zwei Altvögeln als »Aufpasser« unterwegs sind.
Das nenn ich mal besonders und ganz schön klug. So mancher könnte sich ein Beispiel an den Brandgänsen nehmen.

## Der Himmel ist so groß

Der Himmel ist ungreifbar. Er ist alles, und er ist nichts. Manchmal sehe ich ihn in blau, und manchmal ist er von ganz wunderschön gefärbten Wolken durchsetzt. Oder formen die Wolken erst den Himmel? Und was ist mit der Nacht? Was ist mit den Sternen?

Ich sehe immer Himmel. Denn ich bin dort, wo der Meeresgrund auf den Horizont trifft. Und nichts versperrt mir die Sicht.

Eigentlich kam mir der Ausspruch »Der Himmel ist so groß« in den Sinn, während ich mal wieder versuchte, einen ziehenden Vogel weit draußen vor das Spektiv zu bekommen. Mit dem Fernglas ist dies schnell getan, doch das Spektiv mit seiner enormen Vergrößerung erschwert das Gesuche am Himmel ungemein. Etwas hektisch schwenke ich von Nord nach Süd, peile wieder mit bloßem Auge und versuche es erneut. Nicht der Vogel ist zu schnell und zu weit weg, sondern ganz einfach: Der Himmel ist zu groß!

## Das Wasser anhalten

Mir schießt ein Bild durch den Kopf. Ich sitze vor der Hütte auf der kleinen Bank und schaue gen Osten. Der Wind weht stark aus West. Es muss Hochwasser sein, denn die Südostbucht ist komplett bis zur Vegetationskante mit Wasser gefüllt. Die Südspitze ist ebenfalls vom Wasser umschlossen und große Schwärme von Wat- und Wasservögeln sitzen dort eng beieinander. Alles hält an. Ich muss daran denken, wie es ist, wenn man ganz langsam tief Luft holt, diese kurz anhält und anschließend wieder aus den Lungen entweichen lässt.
Vielleicht ist der Rhythmus der Gezeiten und somit auch der der Insel vergleichbar mit dem Luftholen.
Ganz, ganz langsam wird eingeatmet. Das Wasser krabbelt allmählich über den Meeresgrund. Vor sich her schiebt es die Vögel, die nun ihre Nahrungssuche im Watt unterbrechen müssen und gezwungen sind, eine Weile zu verschnaufen. Ausharren – Luft anhalten! Kurz bevor die Lungen gefüllt sind, kommt ein letzter großer Schub Luft hinein. Das sind die großen Schwärme, die nun auf den Außensänden keinen Platz mehr finden und Schutz auf der Insel suchen. So halten die Vögel die Luft an und sind gleichzeitig selbst die Luft, die die Insel atmet. Und vielleicht ist das Bild komplett, wenn man sich vorstellt, dass das Meer dagegen atmet. Sein Rhythmus ist genau andersherum. Strömt es auf die Insel, so atmet es aus. Ganz langsam. Alles ist verwoben, und gemeinsam lässt es sich gut atmen. Jeder in seinem eigenen Rhythmus und doch auch in gemeinsamen großen, einander bedingenden Wellen.

Das flache Land lässt dem Himmel viel Platz

Blick über den Dünenübergang Richtung Wasser und Westen.

## Sommersturm I

Es stürmt, und der Himmel ist strahlend blau. Wer hätte das gedacht. Und ehrlich gesagt, weiß ich bei diesem Wetter auch nicht so recht, wohin mit mir.
Normalerweise bringt der Sturm auch immer mal Regenschauer auf die Insel, doch heute ist es trocken. Es ist so trocken, dass der Wind den feinen Sand vom Strand nur so über die Düne peitscht.
Den gesamten Tag an der Hütte auszuharren, macht mich meist unruhig, und so ziehe ich mir meine Windjacke an und hänge mir das Fernglas und die Kamera um den Hals. Wer weiß, was der Sturm noch so alles auf die Insel bringt?! Ich habe nur Vermutungen, und die möchten überprüft werden. Alle Schutzkappen von Fernglas und Spiegelreflexkamera sind geschlossen, denn ich ahne, was mich am Dünenübergang erwartet. Erwähnte ich bereits, dass der Wind aus Westen kommt? Und richtig, kaum am Dünenfuß angekommen, zwingt mich der Sand oder der Wind oder eben beide in vereinter Kraft zu einer Kehrtwende. Mit dem Rücken zum Gezeter stehe ich nun für einen Moment und weiß immer noch nicht, wohin mit mir. Wie tausend kleine Nadeln fühlt sich das an. Ich habe tatsächlich keine Chance, über die Düne zu gelangen; als würden die Insel, das Meer, der Wind, sie alle heute nicht wollen, dass ich eine Raubmöwe entdecke.
Gut. Dass ich mich hier der Natur unterzuordnen habe, ist ja nichts Neues. Das mache ich jeden Tag. Aber heute hat mir die Natur ihre Macht einmal mehr eindrucksvoll demonstriert.

## Sommersturm II

Am späten Abend hat sich der Sturm noch immer nicht beruhigt. Der Wind schubst die Hütte auf ihren langen Beinen hin und her. Die Böen lassen das Holz knacken. Ich höre Geräusche, die mein

Ohr, seit ich hier auf der Insel bin, so noch nie gehört hat. Diese Geräusche sind es auch, die mich am Einschlafen hindern. Immer wieder schrecke ich hoch, weil die Natur die Hütte zu ohrfeigen scheint. Die aber wiederum bleibt ganz unbeeindruckt.
Ich habe keine Angst. Sosehr die Hütte auch wackelt, bin ich doch keinen Moment in Sorge, dass sie einstürzen könnte.
Oft wurde ich gefragt, was denn sei, wenn mir etwas zustieße. Ich sei ja ganz allein. Aber auch hier bin ich sorgenfrei. Naivität lasse ich mir gern unterstellen. Sie hilft mir hier, wie oftmals auch in anderen Situationen, dabei, sachlich und überlegt zu handeln und mich nicht von eventuellen Befürchtungen lähmen zu lassen.

## Unangemeldeter Besuch

Ich schrecke aus dem Schlaf. Es hat geklopft! Hat es geklopft? Hier auf der Insel mitten im Irgendwo? Hat es wirklich geklopft?
Während ich mich jeden Morgen aus dem Bett quäle, um Wetterdaten zu notieren oder den Vogelzug zu beobachten, und mir die Müdigkeit ordentlich in den Knochen sitzt (Aufstehen war noch nie meine Stärke), springe ich an diesem Morgen auf und bin sofort hellwach. Es hat geklopft. Das war ein ganz neues Geräusch, und es war ein Klopfen! Oha! Ich luge aus dem Fenster der Tür. Kein Mensch. Aber da! Geklopft wurde anscheinend tatsächlich! Ein leicht benebelt wirkender Fitis sitzt gegenüber der Tür auf dem Geländer. Da hat wohl jemand das Fenster in der Tür nicht gesehen und kurz mit dem Schnabel und, weil Bremsen nicht mehr möglich war, auch mit dem ganzen Körper geklopft. Vorsichtig öffne ich die Tür. Der kleine Vogel reckt den Kopf, erblickt mich und fliegt so plötzlich davon, wie er wohl auch gegen die Scheibe »geklopft« hat.

## Baldachin

Ich liege unter Baldachinen.
Abends im Bett kommen und gehen die Gedanken. Ich liege unter Baldachinen. Nicht nur unter einem, nein, unter mehreren! Im Sommer haben sich ein paar Mücken in die Hütte verirrt, darum hänge ich das Moskitonetz über mir auf. Sobald es mich umschließt, fühle ich mich sicher. Seltsam, dass einen kleine Mücken angespannt und aggressiv werden lassen. Nun höre ich sie nur noch und weiß, dass sie mir nichts mehr anhaben können. Ich lächele und kann meine Schultern wieder sinken lassen. Doch da ist ein noch zweiter Baldachin, der mich schützt. Die Hütte. Sie schützt mich vor rauem Wetter, gleißender Sonne und kühlen Nächten. Doppelter Schutz. Ich atme immer ruhiger. Und dann ist da der eine große Baldachin, der uns vielleicht alle beschützt. Der Himmel mit seinem Sternenzelt in der Nacht. Zu wissen, dass er da ist, wirkt so beruhigend auf mich, dass sich an das Schultersenken und Ruhigeratmen der Schlaf anschließt. Ich träume unter Baldachinen.

## Boppels an Blüten, Boppels im Sand

Wenn die Brutzeit vorbei ist, kann ich durch die Salzwiese streifen. Die meisten Jungvögel sind flügge und mehr oder weniger eigenständig unterwegs. Nun verursacht meine Anwesenheit nicht mehr allzu viel Störung. Ich bin ganz aufgeregt, denn ich werde Bereiche der Insel betreten, die für mich völlig neu sind. Aus großer Entfernung durchs Spektiv lässt sich zwar alles sehr gut überblicken, doch »im Feld« zu sein, bietet natürlich eine ganz andere Perspektive. Plötzlich entdecke ich Priele, Pflanzen und Tiere, die bisher im Verborgenen blieben. Gerne passiert es, dass ich aus den Augenwinkeln etwas bemerke, das mich verharren lässt. Viele Pflanzen, ihre Bewegungen im

Wind und das Vorbeihuschen von unterschiedlichen Vögeln lassen mich in der Regel nicht mehr innehalten. Doch wenn ich plötzlich bemerke, dass an den Blüten der Acker-Gänsedistel ein großer, für die Pflanze viel zu schwerer Boppel hängt, werde ich aufmerksam. Was kann das wohl sein? Gleiches gilt, wenn aus dem Sand kleine, hellbraune Boppel gucken, die sich mit kleinen schwarzen Bechern abwechseln. Neues! Die Augen werden groß, der Puls beschleunigt sich. Die Boppel an den Blüten sind noch einige Schritte entfernt. Ich gehe in ihre Richtung, vergesse zu schauen, wohin ich trete, denn ich will sie nicht aus den Augen lassen! Da ist schnell ein Loch in der Salzwiese übersehen, und ich stolpere. Doch das hält mich nicht auf. Weiter geht's! Jetzt bin ich nah genug, und ich erkenne, was die Acker-Gänsedistel so seltsam schwer im Wind wackeln lässt: Es sind Bienen! Als dicke Traube hängen sie etwas träge, dicht gedrängt an der Blüte. Schöne, kleine Wildbienen, die ziemlich puschelig und sympathisch aussehen, wie sie da so seelenruhig baumeln. Nicht nur für Vögel ist Trischen ein besonderer Ort, an dem es sich ungestört leben lässt. Auch viele Insekten fühlen sich hier wohl.

An einer sandigen Stelle sehe ich kleine Pünktchen, die mich im ersten Moment an die Samen der Salzmiere erinnern, die allmählich

Aus dem Boppel …

… wird ein Becherchen mit Samenkapseln

überall zu erblicken sind. Doch etwas lässt mich innehalten. Irgendwas ist anders. Ich schaue hinab. Da lohnt es sich, in die Hocke zu gehen, stelle ich fest, denn dort sprießt etwas aus dem Boden, das ich so noch nie gesehen habe! Ich habe keine Ahnung, was das ist. So bleibt mir zunächst nichts anderes übrig, als einen GPS-Punkt zu setzen und ihn mit »Außerirdisches« zu beschriften. Ich muss schmunzeln. Und gleichzeitig bin ich sehr aufgeregt. Das Adrenalin steigt, ich bin beschwingt. Die Entdeckungslust hat neues Futter bekommen! Mal zeigen sich hellbraune Kügelchen und mal dunkle Becher in denen kleine schwarze linsenförmige Samen liegen. Was soll das denn bitte sein?

Die Biene und der Pilz, wie eine erste kleine Recherche ergibt, sind im Feld nicht eindeutig auf Artniveau zu bestimmen. Sie müssen unter ein Mikroskop. Ich sitze wartend und aufgeregt auf »meiner« kleinen Insel, während mein Fund auf das Festland gelangt, wo Spezialistinnen und Spezialisten das Mikroskopieren übernehmen. Und dann erhalte ich zwei gute Nachrichten: Bei der Wildbiene handelt es sich um die seltene Küstenseidenbiene und beim Pilz um den Dung-Teuerling. Ebenfalls bisher nur an wenigen Orten in Schleswig-Holstein entdeckt.

Es ist ein sehr erfüllendes Gefühl, Neues zu entdecken. In der Stadt begegnet einem ständig das Unbekannte, doch ist man oft mit Scheuklappen unterwegs oder durch die Vielzahl der Einflüsse und Geschehnisse überfordert. Hier auf der Insel kommt das Neue in perfekter Dosierung um die Ecke, zumindest in den meisten Monaten. Man kann es völlig aufsaugen und daraus schöpfen. Für den Moment, für danach, für die Natur und für sich selbst.

## Gold

Es gibt Momente auf Trischen, in denen werde ich zur Schatzsucherin. Im Wattenmeer gibt es Bernstein. Er ist so leicht, dass er schwimmt, und so findet man ihn von Zeit zu Zeit an den Stränden. Zwischen Algen und Plastiktüte schimmert er hervor und leuchtet in unterschiedlichen Gold-, Orange- und Gelbtönen. In einigen Fällen ist er auch matt und mit einer Kruste überzogen. Manchmal finde ich Bernstein. Manchmal glaube ich, Bernstein gefunden zu haben. Ich sehe etwas Verdächtiges im Sand, hebe es auf, wiege es kurz in der Hand, und dann weiß ich meistens schon Bescheid: zu schwer. Kein Bernstein. Der vermeintliche Bernstein landet wieder im Sand. Andere Tests sind nicht vonnöten. Eigentlich mache ich mir nicht so viel aus dem sogenannten Gold der Nordsee, doch nachdem ich ein paarmal über ziemlich dicke Klunker stolperte, ist kurz die Schatzsucherin in mir geweckt. Tatsächlich ist Bernstein kein Stein, wie der Name sagt, sondern ausgehärtetes Harz. Wenn ich mir überlege, wie alt diese kleinen hübschen, vom Meer geschliffenen Harzstücke sind, und dann darüber nachdenke, wie alt Trischen ist, habe ich manchmal das Gefühl, es treffen zwei unterschiedliche Welten aufeinander. Bernstein ist viele Millionen Jahre alt. Trischen nur mehrere hundert! Oha! Trotz einiger schöner Funde ist mein Blick aber nicht auf Bernstein fokussiert, wenn ich am Strand unterwegs bin. Ich halte Ausschau nach vielem, aber nicht zielgerichtet und ausschließlich nach Bernstein. Und ein bisschen glaube ich, dass das der Grund ist, warum ich so viel Bernstein finde. Zufällig. Aus den Augenwinkeln entdeckt.

## Jugend

Auf Trischen brüten Löffler. Das ist etwas Besonderes. Diese großen weißen Vögel haben sich wohl vor einigen Jahren gedacht, dass ihnen die Nordsee warm genug ist und ihnen das Nahrungsangebot sehr gut gefällt. Für Wattenmeerverhältnisse sehen die langbeinigen Vögel mit dem Löffelschnabel und der schicken Frisur paradiesisch aus. Aber das werden wir vermutlich nur noch einige Jahre so empfinden, und dann ist der Löffler fester Bestandteil unseres gängigen Bildes der hiesigen Vogelwelt. Durch ihre Turmnester errichten sich die Löffler einen eigenen Hochwasserschutz. Gut so, denn in Deutschland findet man brütende Löffler eigentlich nur am Wattenmeer – bevorzugt auf den Inseln und Halligen, denn dort ist der Prädationsdruck, also die Anzahl der potenziellen Fressfeinde, geringer. (Doch sind diese letzten störungsarmen Brutorte in Gefahr, denn zum Beispiel Ratten und Füchse gelangen zunehmend auf die Inseln und Halligen. Gut, dass dies auf Trischen bisher nicht der Fall ist!)
Löffler strahlen eine enorme Ruhe und Gelassenheit aus. Die Wörter »stolz« und »majestätisch« flattern im Raum, können sich aber hier nicht ganz niederlassen, dafür sind sie dann doch zu tollpatschig, die Löffler. »Lieb« und »sympathisch« dagegen kann man ihnen in jedem Fall zuschreiben. Während viele brütende Vögel oder solche

mit Nachwuchs hektisch und aggressiv reagieren, wenn man ihnen zu nahe kommt, bleibt der Löffler tiefenentspannt. Selbst wenn er einmal auffliegt, so landet er nur ein paar Meter weiter wieder und beobachtet das Geschehen aus kurzer Distanz. Ganz entspannt, völlig ruhig. Jedenfalls in meiner Wahrnehmung. Was sich im Inneren des Löfflers abspielt, vermag ich nicht zu sagen, aber diese Gelassenheit färbt fast ein wenig ab. Stehende und sich ausruhende Löffler zu beobachten, gleicht fast einer Meditation.

Heute sind einige Löffler in den Prielen der Südostbucht auf Nahrungssuche unterwegs. Mit ihrem namengebenden Schnabel besetzen sie eine besondere ökologische Nische. Sie waten durch den Priel, in dem Wasser steht, und schieben ihren großen Schnabel vor sich her durch das salzige, nahrungsreiche Nass. Ganz allmählich von links … nach rechts … nach links … Ist ihnen etwas Leckeres zwischen den Schnabel geraten, werfen sie den Kopf in den Nacken und schnappen ein-, zweimal in der Luft. So rutscht die gefundene Nahrung dorthin, wohin sie soll: in Richtung Magen. Bei alldem sehen sie weiterhin äußerst bedächtig, entspannt und ruhig aus. Doch was ist das?! Ich schwenke ein Stückchen weiter den Priel entlang und entdecke weiße, große Vögel mit einem Löffelschnabel, die ebenfalls auf Nahrungssuche sind. Aber hier ist keinesfalls Bedächtigkeit und Gelassenheit zu spüren. Es herrscht Hektik, Futterneid und Gier. Jugendlicher Aktivismus! Jugendlicher Egoismus? Es ist der Löfflernachwuchs, der inzwischen flügge und selbständig auf Nahrungssuche ist. Wild geht es dabei zur Sache. Es wird nicht durch den Priel geschritten, nein, es wird gerannt. Das Wasser strömt nicht gleichmäßig durch den schwenkenden Schnabel, sondern dieser durchpeitscht das Wasser in großer Ungeduld. Kommt ein Artgenosse im gleichen Alter zu nah, gibt es kurz Streit. Jeder will das Beste, jeder will das meiste. Der Abstand zwischen Jung- und Altvögeln wird immer größer. Raufende Kinder vor ihren flanierenden Eltern …

## Motivationen

Warum habe ich mich entschieden, für sieben Monate allein auf eine Insel zu ziehen? Das möchte ich an dieser Stelle, mittendrin in meinen Betrachtungen, gern ein wenig ausführen.
Ja, ich habe mich eingeschlichen, um so unbemerkt wie möglich unter den Vögeln und in dieser Landschaft zu sein. Kein ankündigender Paukenschlag, kein großer Schlussakkord. Nicht ich auf der Insel, sondern die Insel selbst soll hier im Fokus stehen. Ich bin nur Vermittlerin und nur ein Teil des großen Ganzen.
Die Idee, mit der Arbeit hier, den Beobachtungen und der Datenerfassung auf Trischen einen kleinen Teil zum großen Schutz und Erhalt der Natur beizutragen, treibt mich an.
Wer hat schon die eine große berufliche oder private Lebensaufgabe gefunden, in der er oder sie völlig aufgeht? Wenige vielleicht, andere glauben sie gefunden zu haben, aber viele sind vermutlich noch auf der Suche oder haben sich arrangiert. Und überhaupt: Ist es das, was es anzustreben gilt? Die eine einzig wahre Aufgabe zu finden und sich ausschließlich dieser zu widmen?
Was mich antreibt, ist das Streben nach Neuem, nach Wissen, Vorankommen, neuen Horizonten, gleichzeitig aber auch die Angst vor Stagnation. Es gibt so vieles im Leben, das ich verstehen und lernen möchte.
Nach der Schule wollte ich herausfinden, wohin es für mich im Leben gehen kann. Darum zog es mich zunächst in die Natur, auf eine Insel. Mir gefielen das Leben und Arbeiten in diesem Umfeld gut, doch ich wollte mehr. Bloß nicht geradlinig werden! So entschied ich, meinem Interesse an der Musik, der schwedischen Sprache und der skandinavischen Literatur zu folgen. Der Bachelor of Arts in Musikwissenschaften und Skandinavistik genügte mir als Abschluss eines theoretischen Feldes. Denn nun wollte ich praktisch mit meinen Händen arbeiten und verstehen, wie aus eindimensionalem Papier

dreidimensionale Textilien entstehen. Ich lernte weben und besuchte regelmäßige eine ehemalige Künstlerkolonie, wollte alte Segel verarbeiten und musste dafür etwas näher an die Küste. In einer Gemeinschaftswerkstatt zusammen mit anderen handwerklich aktiven Menschen eigene Projekte umzusetzen, war beruflich sehr erfüllend, und dann zog es mich zurück in die Natur. Denn dort gibt es noch sehr viel zu entdecken. Nun bin ich hier, und was danach kommt, weiß ich jetzt auf der spätsommerlichen Insel noch nicht. Was ich aber sagen kann, ist, dass ich immer weiter lernen möchte. So vieles im Leben ist erfüllend. Nur Stillstand, dauerhafter, der ist es nicht. Seit meinem ersten Inseljahr nach der Schule kenne ich Trischen und ihre besondere Stellung im Wattenmeer. Immer war ich fasziniert. Nun bin ich hier. Die Faszination lässt nicht nach, an keinem einzigen Tag.

Häufig wurde mir die Frage gestellt, ob ich denn keine Angst vor dem Alleinsein hätte. Die Formulierung »ich würde mich an deiner Stelle selbst aufessen« fand ich in diesem Zusammenhang besonders interessant. Ja, ich bin allein hier, aber einsam fühle ich mich noch lange nicht. Ich habe nicht das Gefühl, »mich aufessen« zu müssen. Ich betrachte mich in manchen Momenten von außen und bin meist zufrieden mit dem, was ich sehe, denn ich komme mit mir allein zurecht. Das für sich herauszufinden, ist sehr viel wert. Und wenn man diesen kleinen Selbstversuch, eingebettet in eine sinnvolle Arbeit und in einer einzigartigen Landschaft, macht, ist der Gewinn umso größer! Ich stolpere über Zeilen in einem Buch: Eine Frau, die für einen längeren Zeitraum ohne Menschen lebte, beschreibt das Sein fernab von der Zivilisation. Sie hat ihre Einsamkeit dort völlig anders empfunden, als ich das tue. Einsamkeit und Alleinsein ist irgendwie doch Empfindungs- und Definitionssache. Diese Frau fühlte sich begleitet von Feen und Elfen. Ich bin ganz bei mir und ausgefüllt von der Natur auf Trischen. Begleiten tun mich höchstens die Vögel.

## Vom Schreiben

Die Vögel sind gezählt, das Wetter ist dokumentiert. Für heute steht nichts mehr an. Außer natürlich, ständig wachsam zu sein. Erst wenn das Tagwerk vollbracht ist, ich zufrieden mit dem Geleisteten bin, ja erst dann finde ich Muße zum Schreiben. Ich kann mir nicht vornehmen, an bestimmten Tagen zu bestimmten Uhrzeiten zu schreiben. Kommt mir während einer Beobachtung ein Gedanke zu dem, was ich gerade sehe oder mir geschieht, mache ich mir eine Notiz. Aber in Ruhe schreiben, das geht erst, wenn das oben Beschriebene eingetreten ist. Mein Kopf muss leer sein und gleichzeitig voller Leichtigkeit, leichter Gedanken, die aufs Papier wollen. So sind diese kleinen Episoden entstanden. Jede für sich. Vor der Hütte, auf der Holzbank, Kissen im Rücken, Fernglas neben mir, Kaffeetasse auf dem Tisch.

## Hitze

Die Luft steht. Eigentlich dachte ich, so etwas gibt es hier gar nicht. Schließlich bin ich mehr oder weniger mitten im Meer! Ringsherum ist Wasser, und da, wo kaltes Wasser auf warme Luft trifft, weht zumindest eine kleine Brise. Doch heute setzt diese Brise für ein paar Stunden aus. Es ist unglaublich heiß. Solch hohe Temperaturen gab es bereits während meiner bisherigen Zeit auf der Insel, doch machten sie mir nichts aus. Dem Wind sei Dank. Ich hörte vom Festland, welche Hitze dort herrsche und dass ich es bestimmt angenehm habe, hier draußen.

Doch heute: Ich drücke mich im Schatten der Hütte herum, denn egal, wo ich mich sonst aufhalten würde, überall ist Sonne. Trischen ist circa hundertachtzig Hektar groß. Doch das Einzige, was hier Schatten wirft, sind dünne Gräser und flinke Vögel. Nur die Hütte spendet ausreichend verdunkelte Fläche, um mich zu beherbergen.

Die freie, endlose und wunderbare Sicht, die ich dank der fehlenden Bäume tagtäglich genieße, wird mir am heutigen Tag zum Verhängnis. Normalerweise kommt mit einsetzender Flut auch ein wenig Wind. Doch jetzt ist es erst einmal kurz vor Niedrigwasser.
Mein Arbeitsalltag richtet sich nach den Vögeln, nach dem Wasser und dem Wetter. Doch bestimmte Aufgaben müssen jedes Jahr zu ähnlicher Zeit erledigt werden. Denn nur so sind sie vergleichbar und lassen Rückschlüsse auf die Entwicklung in der Natur zu. In den nächsten Tagen soll die Hitze bei gleichzeitiger Windstille anhalten. Darum bleibt mir nichts anderes übrig, als mich aufzumachen, weg von meinem neuen Freund, dem Schatten. Schuhe an, Tuch um den Kopf. Der Sand ist so heiß, ich könnte keine drei Schritte barfuß tun. Mein Ziel ist die Südspitze der Insel. Ich gehe langsam. Bloß nicht zu sehr anstrengen. Die Augen sind leicht zugekniffen. Der Sand ist nicht nur heiß, er blendet auch. Jedes einzelne Sandkorn reflektiert die unerbittliche Sonne. Manchmal schließe ich für ein paar Momente beim Gehen die Augen, um ihnen kurz Erholung zu verschaffen. Vom Weg abkommen kann ich hier ja nicht so schnell. Bereits nach fünf Minuten am Strand beginne ich zu schwitzen. Die Hitze drückt, ich gehe gebeugt. Endlich an der Südspitze angekommen, begegnet mir eine Wiesenschafstelze auf dem Muschelschill. Verdutzt guckt sie mich an, wie ich schwerfällig nur sehr langsam vorankomme. Wie so viele andere gefiederte Bewohner oder Gäste auf Trischen muss sich auch diese Schafstelze wohl fragen, was ich vorhabe.
Ich will die Vegetationskante an der Südspitze vermessen. Inklusive Hin- und Rückweg sollte ich in einer Stunde fertig sein. Schritt für Schritt umrunde ich die Spitze, die Beine werden schwerer, die Augen immer kleiner. Wenn ich meinen Blick vom Boden Richtung Hütte richte, kommt sie nur schleichend näher, aber sie kommt näher und mit ihr mein Freund, der Schatten, ich höre ihn förmlich nach mir rufen!

Es ist schon verrückt. Ich bin mitten im Meer, und trotzdem kann ich nach dieser Anstrengung nicht einfach ins kühle Nass hüpfen. Die Flut hat zwar eingesetzt, doch das Wasser ist immer noch weit draußen. Ich sitze auf dem Trockenen! Wie groß ist doch das Verlangen, in die gefüllte Regentonne zu steigen! Beim Meer weiß ich, wann es Wasser bringt. Beim Himmel kann ich mir da nie so sicher sein. Ich muss mit meinen Ressourcen haushalten, und so geselle ich mich einfach wieder zum Schatten und bewege mich für den Rest des Tages kaum. Nur so kann ich die Hitze ertragen.

## Am Abend und bei Nacht

Möchte man die Sonnenuntergänge hier im Meer beschreiben, läuft man immer Gefahr, dass es kitschig wird. Dabei ist es das Natürlichste überhaupt und ganz einfach unverblümte Realität. Jeden Tag geht die Sonne hier anders unter. Jeden Tag bekomme ich neue Farben und neue Formen präsentiert. An dieser Stelle habe ich gerade kurz darüber nachgedacht, die Farben, die ich sehe, aufzulisten. Doch diese Aufzählung hätte kein Ende gefunden. Ich wusste gar nicht wie viele Rosanuancen es gibt! Manchmal fliegt eine Möwe vor der Himmelskulisse, die in besonderen Momenten wie zerrissen aussieht, und manchmal hebt ein Krabbenkutter gerade dann seine großen Netze aus dem Meer, wenn er die untergehende Sonne erreicht hat. Nach dem zehnten (oder vielleicht doch zwanzigsten?) Schnappschuss eines Sonnenuntergangs habe ich mit dem Fotografieren dieses Motivs aufgehört. Vielleicht sollen sie mir einfach so in Erinnerung bleiben. Allein in meinem Kopf und nicht auf Glanzpapier, matt oder am Bildschirm. Wenn man sich jeden Tag dieses grandiose Naturschauspiel ansieht, läuft man an manchen Abenden Gefahr, den Blick für das Tieforange und das Türkis, welches sich über dem leuchtenden Blau erhebt, zu verlieren. Erst wenn ich die Insel ver-

lassen habe und die Sonne nicht sehen kann, wenn sie am Horizont verschwindet, erst dann weiß ich wieder, was ich hatte. Und bis dahin setze ich mich nur dann zum Sonnenuntergangsanschauen an die Westseite der Hütte, wenn ich genau das machen will: bewusst zum Horizont gucken.

Nun ist die Sonne schon eine Weile verschwunden. Ihr letztes Licht aber leuchtet immer noch aus dem Meer hervor, so scheint es von hier. Ganz allmählich wird es dunkler und dunkler. Die Fischer haben schon lange ihre Fluter an den Kuttern an, die Mittelplate schwebt wie ein leuchtendes Ufo südlich von mir, und in Friedrichskoog blinken die roten Lichter der Windräder um die Wette. Was ist also schon Dunkelheit? Ich glaube, Dunkelheit kann eigentlich nur künstlich erschaffen werden. Man gehe ich einen Raum, ziehe die Verdunklungsvorhänge zu und mache das Licht aus. Dann herrscht Dunkelheit. Man würde vermuten, dass man hier draußen im Meer der absoluten Dunkelheit sehr nahekommt. Irgendwie tut man das auch, aber zugleich auch wieder nicht. Zu den künstlichen Lichtern der Zivilisation kommt dann aber etwas Wunderbares dazu, das uns ebenso der Dunkelheit beraubt. Der Mond und die Sterne. Und diesen Sternenhimmel sehe ich, wenn ich mir den Sonnenuntergang angeschaut habe und in Gedanken versunken (oder auch im besten Sinne gedankenlos) verharre. Nach und nach erscheinen sie am Himmel und füllen ihn in klaren Nächten komplett aus. Man sieht irgendwann nicht mehr, wo der Himmel anfängt oder wo das Meer aufhört. Die Sterne gehen in Lichter der Fischer über und die Lichter der Fischer in Sterne. Und die größte Sternschnuppe, die ich sehe, ist das Licht des Leuchtturms von Helgoland. So verschmilzt alles, und ich beobachte ebenso Sterne wie Lichter.

## Rohrweihe

Heute habe ich viel Zeit damit zugebracht, eine Rohrweihe bei Hochwasser zu beobachten. Für sie ist der Wasserstand nicht direkt relevant. Sie ist nicht auf das Watt als Nahrungsquelle und die Insel als Rastort angewiesen. Manchmal wirkt sie etwas fehl am Platz, so mitten im Meer. Doch ihre potenzielle Beute besteht aus kleinen Vögeln, Singvögeln und Wasservögeln, und darum ist sie hier auch gleichzeitig genau am richtigen Ort. Ich beobachte sie, wie sie mit vereinzelten Flügelschlägen, aber meist segelnd über die Dünenkette zieht. Ihr Blick geht dabei immer wieder Richtung Boden. Ich kann ganz genau erkennen, wie sie zwischen dem Dünenbewuchs nach kleinen Vögeln Ausschau hält. Ihr heller Kopf setzt sich dabei sehr deutlich ab. Jedes Mal muss ich bei dieser Färbung an einen Totenkopf denken. Das finde ich schade, ist aber so. Nun sehe ich diesen großen Vogel mit gespreizten Handschwingen und vermute, dass er es auf die kleinen Wiesenpieper abgesehen hat. Seinem Namen zufolge würde man ihn eigentlich mehr in Wiesen vermuten, aber hier auf Trischen hält sich der kleine Vogel gern an unterschiedlichen Orten auf. Auch in den Dünen und sogar am Strand ist er zu finden. Doch die Rohrweihe nimmt Kurs auf die Südspitze. Sie segelt mit gesenktem Haupt ihrem Ziel entgegen, und ich denke nicht nur oh-oh, ich spreche es auch laut aus. Vielleicht sage ich es zu mir selbst, vielleicht aber auch zu dem Fitis, der hier vor mir auf dem Hüttengeländer sitzt. Da die Flut nahezu ihren höchsten Stand erreicht hat, der Wind aus West weht und die Springtide näher rückt, ist ein Teil der Südspitze im Meer versunken. Für diese eine Tide. Weil auch die Sandbänke dem Wasserstand nicht trotzen können, wollen nun umso mehr Vögel auf der umso kleineren Südspitze rasten. Ein großes Gedrängel, farblich sortiert. Ganz an der Kante ein flacher grauer Streifen mit seltenen rostroten Punkten durchsetzt. Durchmischte Limikolen. Dahinter sitzen die Austernfischer. Tausende. In Storchenfarbe. Und dahinter, wiederum in

Weiß, die Möwen und ein Stückchen Richtung Vegetation die Brandgänse. Auch sie in Weiß, aber mit dunklen Passagen durchsetzt. Die Rohrweihe nähert sich in Zeitlupe. Sie beginnt, Kreise zu ziehen, und kommt der gut sortierten Südspitze spiralartig näher. Vermutlich ahnt sie selbst gar nicht, dass ihre Anwesenheit ein riesiges Chaos auslösen wird. Ich werde schon mit den Limikolen, Austernfischern, Möwen und Brandgänsen nervös, doch da habe ich die Rechnung ohne die Seeschwalben gemacht. Zierlich, wie sie sind, hatte ich sie durch das Fernglas gar nicht bemerkt. Plötzlich erhebt sich ein weiß-grauer Pulk und stürzt sich auf die verdutzte Rohrweihe. Einige Manöver und Flügelschläge ihrerseits sind nötig, um diesen Meisterinnen im Fliegen auszuweichen. Die Rohrweihe ergreift die Flucht, macht kehrt und fliegt direkt an der Hütte vorbei. Da haben die Seeschwalben Tausende andere Vögel davor bewahrt, auffliegen zu müssen und somit Energie zu verbrauchen, die sie für den wirklichen Ernst des Lebens brauchen. Besonders die Limikolen haben eine weite Reise vor sich. Sie müssen jede Minute zum Fressen oder zum Rasten nutzen, um sich auf ihren langen Weg, den sie bald weiter bestreiten werden, vorzubereiten. Störende Rohrweihen kommen ihnen äußerst ungelegen. Doch die Seeschwalben verteidigen natürlich nicht die Limikolen vor den Rohrweihen, sondern ausschließlich sich selbst und ihren Nachwuchs. Welche Flussseeschwalbe denkt schon an einen Knutt!

## Spülsäume

Jeder Strandrundgang ist einzigartig, denn immer gibt es etwas Neues zu entdecken. Der Strand zeigt immer wieder andere Facetten und präsentiert mir unter anderem die Vielfalt der Vogelwelt. Was er mir jeden Tag zweimal neu zeigt, ist das, was das Meer an ihn heranträgt. Nach jedem Hochwasser hinterlässt das Meer einen Streifen auf dem Sand. Selten ist er eine gerade Linie, meistens schlängelt er sich wellenförmig über den Strand. Der Spülsaum. Eine sehr treffende Bezeichnung. Das sage ich als gelernte Schneiderin, die sich mit so einigen Säumen beschäftigt hat. Klar ist, es handelt sich um einen Abschluss. Mal am unteren Rand von einem Kleidungsstück, mal als Übergang zwischen Wald und Lichtung und eben auch als Abschluss des letzten flachen Wassers, das sich gerade noch so ein paar Zentimeter vorgeschoben hat und voll ist von dem, was die wesentlich größeren Wassermassen zuvor Richtung Strand geschoben haben. Ein äußerst heterogener Saum wird hier sichtbar. Je nach Jahreszeit und Windstärke weist er ganz unterschiedliche Mitbringsel auf. An touristisch genutzten Küsten werden diese Spülsäume meist schnell entfernt. Sie verunstalten das Bild des gereinigten Strandes, an dem sich Badetuch an Badetuch reihen soll. Auch am Deich wird der Spülsaum schnell abtransportiert, um diesen Schutzwall nicht in seiner Stabilität zu gefährden. Das Meer spült vieles an. Ich möchte hier eine exemplarische Auflistung von Gegenständen eines Spülsaums machen, doch merke ich, dass jedes angeschwemmte Etwas eine eigene Episode füllen könnte und müsste. Ich versuche, Ordnung in den Spülsaum zu bringen: Schaum, Treibsel, Holz jeg-

licher Art, Algen, Quallen, Plastikverpackungen in viel zu großer Variation – Melonen, Kohl, Zwiebeln, Orangen und viele andere lose Lebensmittel. Fischerkisten, Netze. Ein Kühlschrank. Eine Kaffeemaschine, eine Kaffekanne, Kaffeepulver, verpackt. Tote Vögel, tote Seehunde, seltener tote Schweinswale. Leere Flaschen, geschliffene Scherben, scharfkantige Scherben, Eimer, Schuhe, Fahrradschutzbleche (viele!), Bernstein, Kopal. Unzählige Muschelschalen und massenweise Muschelschill. Ich gebe zu: Es ist keine Ordnung zu erkennen. Aber was offensichtlich ist: Hier ist viel zu viel im Spülsaum, das durch menschliches Zutun dort hineingelangt ist. Und dabei hat der Spülsaum eine so wichtige Funktion! Natürlich wollen Badegäste nicht zwischen Plastikmüll liegen, aber dass eben auch alles andere abtransportiert wird, ist ein Problem. Vor allem die angespülten Algen liefern wichtige Nährstoffe. Ohne sie kann am Strand nichts wachsen. Der pure Sand bietet den angewehten oder angespülten Samen zu wenig Grundlage. Hier auf Trischen wird der Spülsaum nicht weggeräumt, und auch der Menschenmüll bleibt in der Regel liegen. So sehe ich am Strand, oft aus den Winterspülsäumen, die schon leicht übersandet sind, erstes Grün sprießen. Wenn man nicht wüsste, wie es dazu kommt, könnte man wirklich glauben, dass Pflanzen am Strand aus dem Nichts wachsen können!

## Tod

Ich kann und will nicht umhin, von toten Lebewesen am Strand, insbesondere von toten Vögeln, zu berichten. Sie gehören zu dieser Landschaft und dem Meer, das gibt und nimmt. Ich empfinde diese Totfunde am Strand als sehr ästhetisch. Sie sind betrachtens- und beschreibenswert und dazu auf besondere Art und Weise schön in ihren unterschiedlichen Stadien des Vergehens. Manche Vögel sterben am Strand, viele auf dem Meer, das ihre toten Körper mit dem

Hochwasser auf die Insel bringt. Häufig sind sie aber schon von der Sonne getrocknet, wenn ich sie entdecke.
Heute finde ich einen toten Kormoran. Er muss erst wenige Stunden zuvor gestorben sein und sieht aus, als schliefe er. Allerdings in einer für einen Vogel untypischen Position. Nicht mit Schnabel im Gefieder, wie sich Vögel gerne sitzend oder auf dem Wasser dümpelnd ausruhen, sondern mit auf dem Sand abgelegtem Kopf und schlaff hängenden Füßen. Seine Augen sind offen, und ich erkenne ein wunderschönes Grün. Das Gelb an seinem Schnabelansatz leuchtet und setzt sich von dem dunklen Gefieder ab, welches in schwarzen und braunen Facetten glänzt. Noch im Tod offenbart dieser auf den ersten Blick eher unscheinbar wirkende Vogel seine Schönheit. Auch einen Sanderling finde ich. Dieser sehr kleine Vogel besteht nur noch aus den Flügelfedern und seinem filigranen Skelett, das völlig unversehrt und wie gereinigt daliegt. Vögel sterben auf vielerlei Arten. Zum Teil auf unnatürliche, durch Plastik im Magen oder Plastik um den Vogelkörper. Aber auch auf ganz natürliche Weise. Hierzu zählt ein hohes Alter wie auch das Erbeuten durch einen Greifvogel.

Der natürliche Lauf der Dinge

Die Opfer der Greifvögel, insbesondere die des Wanderfalken, sind sehr gut als solche zu erkennen. Die Federn werden ausgerupft, die Knochen teilweise gebrochen und zunächst die Brustmuskulatur gefressen. Und genauso finde ich gelegentlich Fraßreste vor. Auf dem Rücken liegende tote Vögel mit offener Brust. Ein besonderes Bild. Basstölpel stürzen sich ins Meer, um an ihre Nahrung zu gelangen. Kopfüber, mit angelegten Flügeln. Ich finde einen Basstölpel am Strand. In genau dieser Pose, in die er aber auf unnatürliche Weise dauerhaft gezwängt wurde. Er stoßtauchte in einen weichen Plastikring, der seine Flügel umschloss. Ein Entkommen war nicht möglich. Der Basstölpel kam in Wellen über das Meer nach Trischen und nicht bei Westwind durch die Luft. All diese toten Vogelkörper markiere ich, um Doppelzählungen zu vermeiden. (Auch tote Vögel werden hier auf Trischen systematisch erfasst.) Denn von Zeit zu Zeit nimmt das Meer sie wieder für eine kurze Weile mit sich und spült sie an anderer Stelle zurück an den Strand. Ich kann die Veränderungen und den Auflösungsprozess beobachten. Oftmals, bis nur noch wenige kleine Knochen Zeugnis vom Tod ablegen.

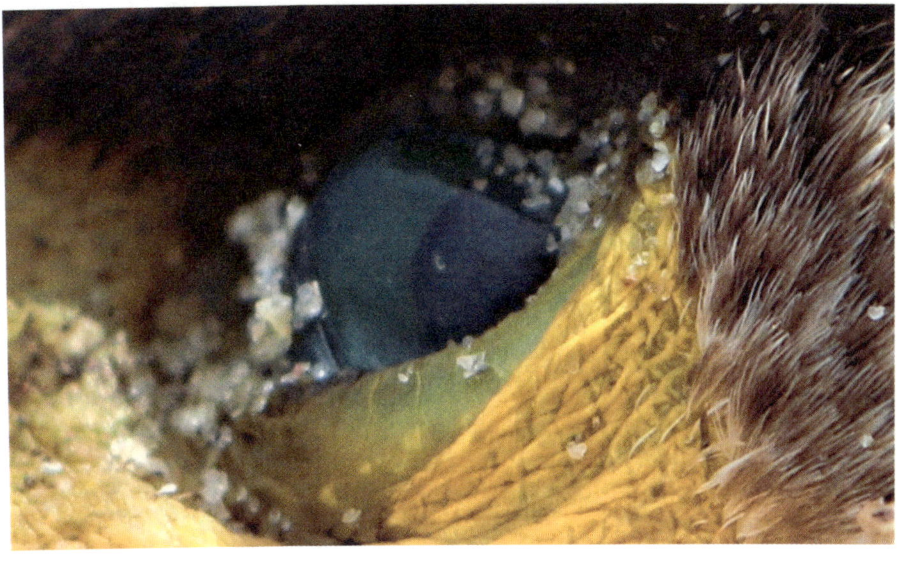

Kormoranauge

Schillerndes Kormorangefieder

Brustgefieder eines toten Gartenrotschwanzes

## Himmel mal zwei

An manchen Tagen sehe ich nur Himmel. Himmel mal zwei. Die Ebbe hat eingesetzt. Das Wasser in der Südostbucht steht nur noch hauchdünn über den Wattflächen. Es ist im eigentlichen Sinne spiegelglatt. Ich blicke in das hauchdünne Wasser und sehe Himmel. Eins zu eins, nur auf dem Kopf. Große weiße Wolken türmen sich auf und werden von Blau unterbrochen. Man meint, alles zu sehen, aber wie viel sieht man eigentlich nicht? Das Alles und das Nichts – so unendlich … Wo anfangen? Wo aufhören?

## Strandspaziergang II

Im Sommer einen ausgedehnten Strandspaziergang machen? Davon kann ich lange nur träumen. Nun ist es Mitte August, und der Tag, an dem meine »Ausgangssperre« aufgehoben wird, ist da! Am Strand schlendern, schauen, was der Spülsaum gebracht hat, die Vögel auf dem Sand und am Himmel beobachten, Gedanken schweifen lassen … Während der Brut- und Aufzuchtzeit harrte ich ausschließlich an der Hütte und an einem kleinen Strandabschnitt auf der Höhe des Dünenübergangs aus. An Spaziergänge war lange nicht zu denken. So wenig Aufregung für die Vögel wie möglich. Aber jetzt ist es Zeit. Heute ist der Strand sehr warm. Die Sonne steht hoch, der Sand ist trocken und heiß. Der Wind aber regelt die Temperatur und tut meinen Füßen gut. Ich schlendere dahin, die Hände auf dem Rücken verschränkt, das Fernglas baumelt locker um meinen Hals. Überall stehen Möwen. Das Wasser ist so weit zurückgegangen, dass sich keine Trupps bilden, sondern die Möwen verstreut auf großer Fläche stehen oder nach Nahrung suchen. Ich kann weitergehen, ohne sie allzu sehr aufzuscheuchen. Ein wütender Austernfischer kommt angeschossen und fliegt schimpfend über meinem Kopf. Austernfischer scheinen ziemlich wütende oder vielleicht auch einfach nur äußerst eifrige Vögel zu sein. Sie verteidigen ihren Nachwuchs wie sonst kaum eine Vogelart. Eigentlich müssten die jungen Austernfischer bereits flügge und eigenständig unterwegs sein. Aber vielleicht hat dieser Austernfischer Nachzügler, die es zu verteidigen gilt. Außer dem schimpfenden Altvogel sehe ich allerdings zunächst keinen weiteren Austernfischer. Weiter geht's. Ich erreiche die Lahnungen und erkenne mehr »nacktes« Holz als zuvor: Das Wasser hat Sediment davongetragen und die Lahnungen weiter freigelegt. Dieses neu freigespülte Holz unterscheidet sich optisch stark von dem alten, das mit Algen und Pocken überzogen oder zumindest vom Meer ergraut und dunkel ist. Die Insel ist in Bewegung. Auch die Kleikante hat sich verändert. Zum einen ist sie viel weiter freigespült, und zum anderen wurden große Brocken abgebrochen, die nun lose auf dem Wattboden liegen. Einige Bereiche sind mit Algen überzogen.

Es liegt der Gedanke nahe, dass man schnell jeden Winkel des Strandes kennt, wenn man so lange nur an einem Ort ist. Doch dem ist nicht so! Denn alles erfindet sich ständig neu, krempelt sich um, verbirgt bisher Ungesehenes … Es gibt immer etwas zu entdecken!

## Strandaster

Wenn Land unter ist, fällt mir eine Pflanze der Salzwiese ganz besonders auf. Bei Land unter steht in der Regel die Salzwiese unter Wasser, und von der Vegetation ist dann nicht mehr viel sichtbar. Aber eine Pflanze, die auch direkt am Trampelpfad wächst, überragt das meiste andere Grün und oft sogar das auflaufende Wasser: die Strandaster. Mit ihrem aufrechten Stängel erlangt sie eine Höhe, die sie von vielen anderen Pflanzen auf Trischen unterscheidet. Die Fachliteratur traut ihr eine Größe von bis zu hundertfünfzig Zentimetern zu. Das sehe ich auf der Insel allerdings nicht. Ein Drittel der genannten Größe entspricht hier eher dem Standard. Ende Juli, Anfang August beginnt sie in diesem Jahr zu blühen. Ihre vielen körbchenförmigen Blüten haben eine besondere Farbe. Am ehesten könnte man sie als ein sehr blasses Violett beschreiben. Wenn nun das Wasser auf dem Trampelpfad steigt, verschlingt es allmählich die Salzwiese. Was dann stehen bleibt, ist der obere Bereich der Strandaster. Die Blüten lassen sich von den Wellen leicht schaukeln. Manchmal denke ich, die Blüten müssten doch eigentlich umkippen und flach auf dem Wasser liegen, aber das tun sie nicht. Aufrecht stehen sie weiterhin da.

Im Sommer brauche ich keine Watstiefel, um durch das Wasser Richtung Dünen zu waten. Schritt für Schritt geht es vorsichtig voran. Ich kann den Boden sehen. Gerne bleibe ich bei den Strandastern stehen, um sie im Wasser und vor allem auch den Teil unter Wasser zu betrachten: ein völlig neues Bild. Alles bewegt sich in Zeitlupe und in sanften Wellen. Ich habe kurzzeitig das Gefühl, als wäre mein Kopf selbst unter Wasser, und alles um mich herum hört sich dumpf an.

Strandastern können bis zu zweihundert Überflutungen im Jahr überstehen. So viele sind es auf Trischen aber glücklicherweise nicht (zumindest während meiner Zeit hier). Aber was macht die Aster mit all dem Salz des Wattenmeeres? Wie viele Küsten- und Salzwiesenpflanzen auch hat sie eine Strategie entwickelt. Sie schafft es, ihren

Strandaster

Kleiner Fuchs an Handkarren

Salzhaushalt zu regulieren, indem sie überschüssiges Salz in einigen Blättern speichert und diese nach einer gewissen Zeit einfach abwirft. Neue, junge Blätter wachsen nach und übernehmen die Funktion der abgeworfenen. Außerdem sind ihre Blätter sukkulent. Das bedeutet, dass sie unter anderem weniger Wasser verlieren als andere Pflanzen und somit grundsätzlich weniger Wasser aufnehmen müssen.
An anderen Tagen bekommt die Strandaster nicht Besuch vom Meerwasser, sondern von Insekten. Viele Falter lassen sich auf ihr nieder. Ich sehe Admirale, Pfauenaugen, kleine Füchse und vor allem Distelfalter. So gesellen sich zu dem sehr, sehr blassen Violett satte Farben in Braun-, Rot- und Orangetönen.

## Verwirrte Flussseeschwalben – verwirrte Vogelwartin

Wenn ich morgens mit der Sonne aufstehe, schließen sich die Flussseeschwalben dem Erwachen an. Und zwar lautstark. Eine kleine Kolonie hat sich nördlich der Hütte niedergelassen. Dort lässt sich gut ein Streifen lilafarbenen Halligflieders erkennen, und genau darin scheinen sie gebrütet zu haben. Seeschwalben sind berühmt für ihre Fischchenbalz. Während andere durch ihr prächtiges Federkleid punkten wollen, machen Seeschwalben Geschenke. Gut, ihr Federkleid verändert sich zur Balz natürlich auch. Umworben wird aber mit kleinen, im Stoß ertauchten Fischchen. So sah ich sie im späten Frühjahr ständig krakeelend und fischchenbringend (sie können tatsächlich schreien und dabei das Fischchen im Schnabel festhalten, das habe ich genau beobachtet) vom Wasser zurück in die kleine Kolonie oder auf Pfähle fliegen. Dann wurden Fischchen übergeben und weiterkrakeelt. Auch die Jungen bekommen Fisch, sodass ich nach dem Schlüpfen die adulten Flussseeschwalben weiterhin mit kleiner baumelnder silberner Beute im roten Schnabel sah.

Inzwischen ist Spätsommer, die jungen Seeschwalben sind flügge und erlernen selbst das Stoßtauchen. Sie sind nicht mehr auf die Fütterungen durch die Altvögel angewiesen. Doch was sehe ich an jedem Morgen im späten August: fischchenbringende Seeschwalben. Krakeelende Seeschwalben. Die morgendliche Zugplanbeobachtung wird tatsächlich etwas erschwert durch diese Seeschwalben-Geräuschkulisse. Sind die denn verrückt geworden? Was machen die denn da? Brutzeit ist vorbei! Die schwarze Kappe, die ihr Prachtkleid darstellt, ist auch noch nicht abgelegt. Ich habe den Eindruck, sie sind irgendwie hängengeblieben und haben den Absprung, beziehungsweise den Abflug, verpasst. Den Absprung aus der Brutzeit hin zur Vorbereitung für die Zugzeit. Hinzu kommt noch, dass in manchen Momenten alle Flussseeschwalben plötzlich verstummen, geschlossen auffliegen, sich circa zweihundert Meter in irgendeine Himmelsrichtung bewegen, plötzlich umso lauter wieder mit ihrem Geschrei beginnen, einen Bogen fliegen und zurückkommen. Das sieht nicht gut aus, denke ich. Doch ich werde eines Besseren belehrt. Es hat nichts mit Verrücktheit zu tun, was ich hier jeden Morgen beobachte, sondern ist ein Zeichen von Erfolg! Bruterfolg! Wenn die Seeschwalben zufrieden sind mit ihrem flügge gewordenen Nachwuchs, dann steigert das anscheinend ihre Motivation für die nächste Brutsaison. Und so wollen sie sich einen Vorsprung verschaffen. Deshalb wird einfach schon mal im Spätsommer des Vorjahres für

Verlorene Beute der Seeschwalben; gut posierend in der Portulak-Keilmelde

den Frühling im nächsten Jahr gebalzt und die Paarbeziehung gefestigt. Dann geht's im nächsten Jahr umso schneller. Na gut. Ein bisschen verrückt ist das irgendwie schon, aber auch äußerst gewieft! Das Verstummen und Geschlossen-Auffliegen ist ebenso Indiz für einen guten Bruterfolg. Ich freue mich jedenfalls sehr für meine verrückten Nachbarn, denn es läuft nicht jedes Jahr so gut für sie. Häufig werden ihre Gelege von hohen Wasserständen angegriffen, und kein Küken wird flügge. Dann, würde ich sagen, ist es umso besser, jetzt schon ein bisschen für das nächste Jahr vorzuarbeiten!

## Adrenalin – das Wasser kommt

Das Hochwasser ist mit einem Meter über Normal angesagt. Der Sommer neigt sich dem Ende entgegen, und diese Vorhersage ist die aufregendste, die es bisher in diesem Jahr für mich und die Insel gab. Ich weiß aus Berichten, dass bei einem Meter noch nicht wirklich was los ist, und trotzdem bin ich hellwach und gespannt. Vorsichtshalber binde ich die Handkarren an der Treppe fest. Nicht dass sie vom Meer davongetragen werden. Der Sägebock, mein Assistent, um die Hütte warm zu bekommen, darf ausnahmsweise eine Etage höher. Zwei Stunden vor Hochwasser, und das Meer steht bereits an der Vegetationskante der Südostbucht. Bis hierhin kommt es in der Regel bei einem Wasserstand von plus/minus null. Na dann, in den Windschatten setzen und dem Wasser dabei zusehen, wie es sich langsam durch Schlickgras, den Queller, die Portulak-Keilmelde, den verblühten Strandflieder, später durch die Quecke und bis auf meinen Trampelpfad schleicht. Dann fließt es unter die Hütte. Dort ist eine große kahle Stelle, und ich kann das Wasser sehr genau beim Steigen beobachten. Hier schleicht es nicht mehr, hier rennt es! Die Südspitze ist weg. Die Rastvögel wissen nicht, wohin mit sich, und fliegen in riesigen Schwärmen immer wieder auf. Nun verschwindet die erste Treppenstufe, die zur Hütte hoch führt, im Wasser. Die Ostspitze taucht immer mehr ein, und aus dem Sichelmond mit großer Nase wird eine hauchdünne Sichel. Zu Hochwasser herrscht strahlender Sonnenschein. Perfekt. Überall glitzert das Wasser. Dieser Zustand erschwert ein wenig meine Vogelbeobachtungen. Aber eigentlich ist mir das in diesem Moment fast egal. Denn alles ist so wunderbar gleißend, dass auch ich innerlich strahle. Die Sonne füllt mich aus. Sie füllt das Wasser aus, und wieder mal ist alles eins, und ich darf kurz ein Teil davon sein.

Sobald die Ebbe einsetzt, gibt das Meer die Insel wieder frei. Allmählich berühren die Räder der Handkarren wieder Grund, und der Sägebock kommt erneut eine Etage tiefer. Bis zum nächsten Land unter. Dann beginnt das ganze Spiel von vorn. Ob dann zu Hochwasser auch die Sonne scheint?

Das Wasser krabbelt die Treppe der Hütte hinauf

Blick nach Nordwest: Land unter

## Gesunder Respekt

Viele Menschen nehmen das Wattenmeer nicht richtig ernst. *So ein bisschen flaches Wasser*, denken sie wohl, *und die Hälfte der Zeit ist es sogar ganz verschwunden! Lass mal da hinten zu der Sandbank laufen oder Bahnen schwimmen, ohne zu wissen, wo die Tide steht. Wetterbericht beachten? – Ach was!*
Mir fallen spontan drei Momente ein, in denen mir diese für viele so »seicht« aussehende Landschaft gezeigt hat, wie gefährlich und unberechenbar sie sein kann. Einer dieser Momente sah so aus:

Im Sommer ist meine Badewanne ausschließlich das Meer. Es ist eine Stunde vor Hochwasser. Eine gute Zeit, um ins Meer zu gehen. Wäre es eine Stunde nach Hochwasser, hätte ich ein ungutes Gefühl. Die Vorstellung, dass das Wasser alles mit sich hinaus in die großen Weiten trägt, ist noch nicht angst-, aber immerhin respekteinflößend. Außerdem ist heute Sturm. Ich lege mein blau-weiß gemustertes Badetuch auf den Sand und mache die ersten Schritte in das bewegte Wasser. Die Wellen schlagen hoch und brechen mit Kraft. Immer wenn mich eine Welle erreicht, achte ich darauf, keinen Schritt zu machen, sondern mit beiden Füßen sicher auf Grund zu stehen. Ich denke, meine Füße sind fest verankert, aber hier in der Brandungszone bewegen die Wassermassen den Meeresboden. Und jede Welle lässt mich somit doppelt schwanken. Die Wellen schaukeln mich, und zusätzlich wird mir der Boden unter den Füßen entzogen. Ich arbeite mich vor, bis mir das Wasser bis zum Bauchnabel steht. Es spritzt mir aber bei jeder Welle hoch ins Gesicht. Ich drehe mich um. Ich bin noch nicht weit vom Strand entfernt, und obwohl ich bewusst geradeaus ins Wasser gehen wollte, liegt mein Badetuch bereits ein ganzes Stück nördlich von mir. Das Wasser kommt nicht einfach aus West. Ein Priel verläuft parallel zum Strand und führt das Wasser. Und außerdem weht der starke Wind aus Nord. Haare waschen – ohne

Shampoo. Immer schön in die heranrollenden Wellen tauchen. Ich werde hin und her geschaukelt. Noch einmal. Wieder auf die Füße kommen, wieder eintauchen. Ich drehe mich erneut um. Einfach stehen bleiben ist kaum möglich. Mein Badetuch ist schon sehr weit von mir entfernt. Nicht weil ich weit hinausgeschwommen bin, sondern weil mich das Meer gen Süden gedrückt hat. Gegen das Meer bin ich chancenlos und gehe bestimmt nicht so tief rein, dass ich keinen Boden mehr unter den Füßen spüre. Ich lehne mich gegen den Wind und gegen die Wellen. Langsam auf das Ufer zubewegen. Das ist mir nicht geheuer. Während ich bei anderen Wetterbedingungen gerne noch ein bisschen im Wasser dümple, will ich jetzt nur noch raus. Die Kraft des Wassers ist so groß, dass ich mich ganz klein fühle.

Einen anderen dieser Momente habe ich bei Gewitter erlebt. Der Wetterbericht für Trischen stimmt nie, und Gewitter sind etwas sehr Regionales. Aber den ganzen Tag in oder an der Hütte sitzen, nur weil sich ein paar dicke dunkle Wolken ab und zu entschließen, der Insel einen Besuch abzustatten? Und dann bringen sie manchmal nichts außer ein bisschen aufregende Ungemütlichkeit! Nee! Es gibt immer etwas tun, immer etwas zu sehen. Und alles passiert draußen. Also Windjacke an und auf gen Norden. Was wollte ich dort? Das habe ich tatsächlich vergessen, oder vielleicht ist es auch einfach von dem, was ich nun beschreibe, überschattet und verdrängt.
Im Norden von Trischen sind nur kleine Dünen. Eine leicht hügelige Dünenlandschaft, flacher Strand, flache untere Salzwiese. Irgendwo in der Mitte des Nordteils steht der Turm, der nach dieser Himmelsrichtung benannt ist. Er ist hoch, alles andere ist flach. Es ist kein Gewitter angesagt. Das heißt gar nichts. Eine dunkle Wolke nähert sich aus Südwest. Plötzlich höre ich Donnergrollen. Gut, auch das kam schon vor, ohne dass ein Blitz am Himmel erschien. Doch diesmal ist es etwas anderes. Der Himmel wird hell, das Donnern lauter. Als ich noch Gäste durchs Watt führte und ihnen den Lebensraum er-

klärte, war Gewitter immer Thema. *Am besten nehmen Sie einen hohen Gegenstand wie meine Wattforke hier, stecken sie in den Boden, entfernen sich ein paar Schritte und hocken sich hin. Nicht hinlegen! So wenig Kontakt mit dem leitenden nassen Watt wie möglich.* Daran muss ich denken und habe den Wortlaut, meine blaue Arbeitskutte und die Forke plötzlich sehr genau vor Augen. Doch hier gibt es keine Forke. Der Nordturm ist sehr weit entfernt. Ob er mir genügend Schutz vor den Blitzen liefert, ist ungewiss. Ich bin der höchste Punkt in einem relativ großen Radius. Nervös werden bringt nichts. Ich suche mir eine der Minidünen und lege mich so hinter sie, dass ich gleichzeitig vor dem aufkommenden Regen geschützt bin. So harre ich aus. Der Wind trägt die dunkle Wolke so schnell davon, wie er sie brachte. Gut.

Angst sollte man nicht mitnehmen, wenn man sich ins Wattenmeer begibt, aber ein gesundes Maß an Respekt und Achtsamkeit. Und, wenn man hat, eine Forke.

## Salzmiere

Heute schaffe ich mir meinen eigenen Wald auf Trischen. Einen Wald, der in seinem Erscheinungsbild einem Märchen entsprungen sein könnte. Es ist ganz einfach. Ich lege mich in den Windschatten der Dünen. Und zwar auf Strandseite, dort wo die Primärdünen langsam beginnen, hügelig zu werden, und mit dem ersten Grün bewachsen sind. Ich lege mich flach auf den Rücken und drehe den Kopf zur Seite. Da ist er, der Wald! Sehr fleischige Bäume, die an sukkulente Pflanzen erinnern, mit wenig Stamm und tief ansetzenden großen Blättern. Ihr Grün ist so wunderbar hell, dass sie sehr jung wirken! Liegend und in Gedanken wandernd, schlendere ich durch dieses kleine Wäldchen. Und genau das ist es. Winzig klein, nur wenige Zentimeter hoch. In Wirklichkeit ein Miniaturwald! Was ich sehe, ist die Salzmiere. Aber eben aus einer besonderen Perspektive, die

alles anders erscheinen lässt. Die Salzmiere gehört zu den Pflanzen, die es schaffen, sich mit dem wenigen, was Wind und Meer bringen, auf den alten, hochgelegenen Spülsäumen anzusiedeln. Wie aus dem Nichts strecken sie die ersten Triebe heraus, denn die alten Spülsäume sind bereits versandet. Das Wäldchen blüht in Weiß. Es folgen dicke runde Samenkapseln, und plötzlich ist der Boden des Wäldchens mit lauter braunen Samen überdeckt. Wie Pilze! Wenn man glaubt, schon alles gesehen zu haben, oder das Gefühl hat, bewusst etwas Neues sehen zu wollen, muss man manchmal gar nicht weit gehen. Ein Perspektivwechsel genügt, und man sieht vieles neu und staunt.

## Junge Großmöwen

Aus meiner Sicht ist es ein wirkliches Trauerspiel. Überall erblickt man im Sommer große, junge, bettelnde Großmöwen. Sie lassen sich gut von ihren Eltern unterscheiden. Sie sind unterschiedlich stark braun-beige-weiß-grau gescheckt und haben einen dunklen Schnabel. Die adulten Möwen mit ihrem reinweißen Kopf (zumindest im Prachtkleid) und dem silbernen oder dunklen Deckgefieder der Flügel weisen hingegen sehr klare Kontraste auf. Und dieser gelbe Schnabel mit dem roten Punkt! Alle kennen ihn. Die Jungvögel wirken im Flug sogar noch größer als die Altvögel. Ihre Flügel sind wie Wackelpudding, und sie wissen sie noch nicht so recht einzusetzen. Wenn ich am Strand entlanglaufe, sehe ich immer wieder den Möwennachwuchs in Bettelstellung. Demütig halten sie den Kopf tief und leicht nach vorn gestreckt, während sie ihren Eltern hinterherlaufen. Manchmal picken sie sogar an den Schnabel des Altvogels, wie ein Nestling, der noch nicht selbst auf Nahrungssuche gehen oder fliegen kann. Die Altvögel allerdings zeigen absolut kein Interesse daran, die jungen Möwen weiterhin zu füttern. Sie scheinen sich gestört zu fühlen und laufen forschen Schrittes davon, fliegen auf oder attackieren sogar ihren Nachwuchs! Die junge Möwe bleibt zurück. Es ist ein gängiges, sich wiederholendes Phänomen. Viele junge Möwen sterben, häufig verhungern sie. Natürlich hat die Natur diese Sterblichkeit einkalkuliert, Möwen legen im Schnitt drei Eier in jeder Brutsaison, aber es ist schon ein sehr auffallendes und im Sommer auf Trischen den Strand dominierendes Bild: Jungmöwen in Bettelstellung oder verendet.

Neulich wurde mir eine Geschichte über Großmöwen und ihren Nachwuchs erzählt, die mich so beeindruckte, dass ich sie hier kurz wiedergeben möchte. Es geht um eine Studie, die aufzeigt, dass Großmöwen insbesondere an Sonntagen zu Kannibalen werden. Ich kann es vor allem während der Jungenaufzucht immer wieder beobachten: Großmöwen stürzen sich auf fremde Möwenküken und verspeisen sie. Möwen sind Koloniebrüter. Kolonien bieten Schutz, da klingt es schon etwas paradox, wenn der Feind aus den eigenen Reihen kommt! Aber warum nun speziell an Sonntagen?

Es verhält sich so: Dreimal am Tag schaue ich mit dem Fernglas in alle Himmelsrichtungen und notiere den Schiffsverkehr um Trischen herum. Was fällt auf? Am Wochenende wird nicht gefischt! Wenn ich unter der Woche einen Kutter sehe, der gerade damit beschäftigt ist, seine Netze einzuholen, ist immer eine riesige Ansammlung von Möwen mit von der Partie! Ordentlich Futter springt da für sie heraus, wenn die Krabben aus den Tiefen gehoben werden! Da die Fischer aber am Wochenende eben Wochenende machen, fehlt es den Möwen an einer wichtigen Nahrungsquelle. Der Hunger ist trotzdem da. Sowohl der eigene als auch der des Nachwuchses. Und so wird eben am Wochenende verstärkt das Nest der Nachbarn attackiert! Unglaublich und gleichzeitig so logisch.

## Belächelung

Irgendwie ist die Zeitschrift *Der Spiegel* zu mir auf die Insel gelangt. Ich blättere sie durch, lese den einen oder anderen Artikel. Der Brexit kommt nicht in die Gänge. Die EZB bekommt eine neue Führung. Es ist seltsam, hier auf Trischen solche Artikel zu lesen. Alles ist sehr weit weg für mich. Ich blättere weiter. Ein Foto mit einem Mann und im Hintergrund: Kanadagänse. Mensch, was ist das denn, denk ich mir und beginne zu lesen. Es geht um Vogelstimmenimitation und warum der abgelichtete Mann sehr vorsichtig mit den menschengemachten Vogellauten umgeht, wenn er draußen unterwegs ist. Ich stolpere über einen Absatz: »Vogelbeobachter. Das Wort hat einen anderen Sound als früher, es klingt für Außenstehende nicht mehr so sehr wie ernsthaft betriebene, doch skurrile Freizeitbeschäftigung. Es klingt nach Klimawandel und Sorge um die Artenvielfalt; was einer wie [dieser Mann] draußen vorfindet, beschäftigt Wähler, beschäftigt die Politik.« Irgendwie freut es mich, das zu lesen, und gleichzeitig bin ich etwas verwundert, denn bei mir persönlich ist diese neue Sicht von Außenstehenden nicht direkt angekommen. Jedenfalls nicht in Bezug auf die Vogelbeobachtung.

In meinem Bekannten- und Freundeskreis befinden sich fast keine ornithologisch interessierten Menschen. Wenn ich sage, ich fahre an die Küste und zähle Vögel, werde ich belächelt. Mein Vorhaben wird respektiert, kann aber häufig nicht richtig nachvollzogen werden. Als ich am Rande des Wattenmeeres einmal mit geschultertem Spektiv und Fernglas unterwegs war, traf ich eine alte Freundin, die ich Jahre nicht gesehen hatte. An ihrer Begrüßung und Reaktion auf mich war abzulesen, dass sie es sehr seltsam fand, dass ich mit dieser Ausrüstung über den Deich stiefelte, um gefiederte Punkte zu zählen. Insgeheim hoffe ich natürlich, durch meine Zeit hier auf der Insel eine Reihe von Menschen zu erreichen. Sei es durch den NABU-Blog oder durch dieses Buch. Vorsichtig wage ich zu hoffen, dass ich vielleicht schon bald dem Zitat aus dem Spiegel zustimmen kann und die Ornithologie nicht nur als mein spleeniges Hobby angesehen wird.

Mit geschultertem Spektiv am Strand unterwegs

# Im Herbst

»Also, nutzen Sie noch Ihr Inseldasein,
das Allein- und Fürsichsein.
Man lebt nirgendwo intensiver als in der Natur,
wenn man ihre Spuren lesen kann.«

– Heinz-Lothar Heimbach, Vogelwart von 1970 auf Trischen,
in einem Brief am 1. September 2019

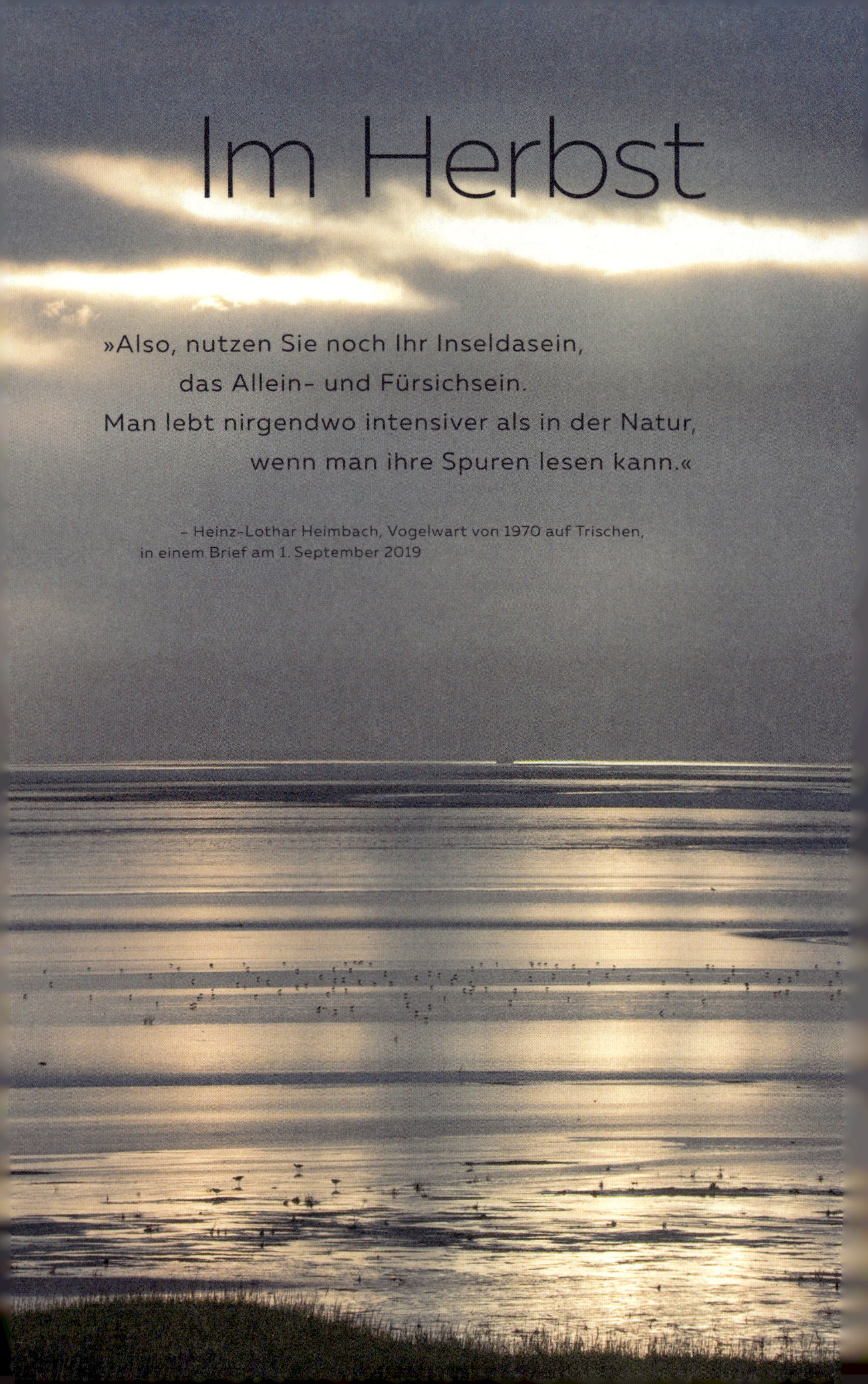

## Stürmische Überraschung

Beim Frühstück schalte ich manchmal das Radio an. Nachrichten. Wetterbericht. Eine mir inzwischen bekannte Stimme (der Moderator heißt tatsächlich wie ein kleiner Singvogel!) berichtet von den Ausläufern des Sturmes Dorian, der vor ein paar Tagen die Bahamas umgekrempelt hat. Er soll heute die europäische Küste erreichen. Aber er hat sich ausgetobt. Nur noch Ausläufer werden sich bemerkbar machen. Keine großartige Sturmwarnung. Und so kommt er dann auch. Eine schöne steife Brise mit schwachen Böen und satten acht Beaufort. Standard für das Wattenmeer zum Herbstbeginn. Der Morgen ist noch ruhig, und während der Zugplanbeobachtung jagt ein Sperber über die Insel. Ein bisschen hektisch fliegt er einige kleine Vögel an. Aber ohne Besonnenheit wird das nichts. Er scheint sich völlig zu verausgaben. Und dann frischt der Wind auf. Ich ziehe mich in die Hütte zurück. Windschutz suchen. Der Sperber scheint die gleiche Idee zu haben. Ich sitze seit einer Weile am Schreibtisch und trage Vogeldaten in Tabelle x und Tabelle y ein, schaue kurz hoch aus dem Fenster, und da sitzt der kleine Greif doch tatsächlich direkt vor meiner Nase. Die Kamera liegt zwei Meter neben mir. Ich komme nicht an sie heran, ohne aufzustehen, und dann ist er auch schon wieder aufgeflattert, der unruhige Sperber. Ich setze mich wieder. Einige Minuten später muss ich mal kurz aufstehen. Diese Computerarbeit ist mein Feind. Ich schaue aus dem Türfenster und: Der Sperber sitzt geduckt direkt davor auf dem Geländer, mit dem Rücken zu mir. Er bemerkt meine Bewegung und den Griff zur Kamera nicht, und so kann ich schnell drei Fotos machen, bevor er erneut auffliegt. Ein kleiner innerlicher Freudenhüpfer. Wann kommt man

einem Greif schon mal so nahe? Zurück an den Computer. Dorians letzte Atemzüge bringen die Hütte zum Wackeln. Nach wenigen Minuten reicht mir die Bildschirmarbeit erneut. Ich möchte lieber nach draußen schauen. Dann verbinde ich das Aufstehen doch mal mit einem Klogang, denke ich mir. Regenjacke an und auch mal lieber ein paar Schuhe, obwohl es nur wenige Schritte und, ich gehe zählen, fünf Treppenstufen sind. Die »Klotür« steht wie immer offen. Die eine Seite wird vom Wind etwas zugedrückt. Ich biege um die Ecke und: Ich glaub es nicht! Der Sperber sitzt auf dem Klodeckel! Erschrocken sieht er mich aus seinen auffälligen gelben Augen an und flattert mir panisch ins Gesicht. Ich weiche zurück, stolpere fast, und der Sperber huscht an mir vorbei.
Ich lese, was ich gerade geschrieben habe. Diese Episode klingt wie ausgedacht! Ist sie aber nicht! Der Sperber wollte Windschutz, wie alle anderen auch. Die Wanderfalken sind jeden Tag hier auf der Insel und wissen, dass ich an der Hütte bin. Sie haben sich bisher noch nie auf dem Geländer, geschweige denn auf dem Klo niedergelassen. Aber der kleine Sperber wusste nicht, was ihn erwartet, und die Hütte ist nun mal der einzige höhere Ort auf der Insel, der auch Windschutz bietet. Mit anderen Worten: Solche Begegnungen kann man vermutlich wirklich nur hier erleben. Warum bin ich noch mal auf der Insel?

Der restliche Tag verläuft nicht sehr gut für mich. Der Sturm tobt weiter. Aus unterschiedlichen Gründen muss ich von Zeit zu Zeit trotzdem einen Fuß vor die Tür setzen und in Gummistiefeln und voller Montur die Treppe hinuntersteigen. Ich bin ein schreckhafter Mensch. Ich glaubte bis zu diesem Tag, die Schreckhaftigkeit während meiner Zeit hier auf der Insel bis zu einem gewissen Grad abgelegt zu haben, aber der Sperber im Gesicht hat mich doch etwas zurückgeworfen. Jede im Wind schwankende Strandaster, die ich aus den Augenwinkeln erblicke, lässt mich kurz zusammenzucken.

Selbst ein Stein in der Salzwiese hat kurz etwas Bedrohliches. Ich bin angespannt. Sehr angespannt! Und ich beschimpfe mich selbst dafür. Ich muss jetzt wieder zu meiner Gelassenheit zurückfinden. Der Sperber auf dem Klo hat sich schließlich mindestens genauso erschreckt wie ich mich.

## Die Namensfrage

De Walmont?! Kommst du wohl aus Frankreich? (Oder Belgien? Oder den Niederlanden?) Nö. Ich komm von der niedersächsischen Wattenmeerküste. Mein Urgroßvadder war dort schon Leuchtturmwärter. Auf der Robbenplate in der Außenweser. Er hieß allerdings Roes mit Nachnamen. Aus Frankreich komm ich trotzdem nicht.
Mein neuer Brieffreund Heinz-Lothar, Vogelwart auf Trischen 1970, der mir viele seiner Inselbeobachtungen schilderte und Ratschläge mit auf den Weg gab, hatte da eine ganz besondere Idee:

»Liebe Anne von Trischen,
ist das nicht auch ein schöner Gesamtname für die Inseltätigkeit
einer Vogelwartin?«

Seit diesem Brief war Anne von Trischen seine Anrede an mich. In jedem Brief. Auf jedem Umschlag. Für meine Inselzeit gefällt mir diese Bezeichnung sehr gut. In dieser Saison verbinden viele Menschen meinen Namen mit Trischen. Ich bin für sieben Monate ein klitzekleiner Teil der Insel, und so kann auch ihr Name Teil von meinem werden.

## Feuerholz

Es ist wunderbar, mit wie wenig Dingen man hier auf der Insel auskommt. Dies zieht aber gleichzeitig in einigen Bereichen eine große körperliche Anstrengung nach sich. An Tagen im Frühjahr und im Herbst, wenn das Thermometer fällt und die Wolken der Sonne den Weg bis auf die Erde versperren, dabei hätte ich sie so gern zu Besuch, ja, dann ist das Einheizen der Hütte mein Sport! Ich kraxle auf das Zwischendeck unter meiner Stelzenhütte. Dort liegt einiges an Holz. Treibholz im weitesten Sinne. Denn hier ist es divers: klassisches Treibholz, vom Meer ergraut und abgerundet. Gestapelte Paletten. Halbe Bäume, dick und schwer. Lange, dünne Birkenstämme, oft mit einem roten Reflektor versehen, denn sie wurden zu Pricken, den Fahrwassermarkierungen im Wattenmeer, verwandelt. Ansammlungen von mit Draht zusammengebundenen dünnen Ästchen. Die Kronen der Pricken. Ich wähle aus. Kleinholz zum Anzünden und größere Scheite, um die Wärme auch über Nacht zu halten. Die alten Pricken sind meine Freunde. Sie lassen sich gut weiterverarbeiten. Ich werfe meine Auswahl vom Zwischendeck in die Nähe des Sägebocks. Ich glaube, auch er wurde mit Holz aus dem Meer gefertigt. Die Säge liegt bereit, die Axt meide ich. Und jetzt wird mir ziemlich schnell warm. Hin und her. Her und hin. Der Sägegriff liegt gut in meiner Hand, aber trotzdem brauche ich von Zeit zu Zeit Entlastung. Anhalten. Verschnaufen. Die erste Pause, wenn das Sägeblatt vollständig im Holz verschwunden ist! Der letzte Zug kommt mit viel Kraft. Ich lockere die Hand. Während ich säge, säge ich, während ich verschnaufe, denke ich. Und zwar an all das, was ich stattdessen gerade tun könnte! Aber nein, ich muss sägen! Ich will es schließlich warm haben! Sosehr ich diese Arbeit auch verfluche, gefällt sie mir im Nachhinein doch ausgezeichnet! Ich habe etwas geschafft! Ich habe mich ausgepowert, Sport gemacht und dabei auch noch wie ganz nebenbei notwendige Arbeit geleistet!

An manchen Tagen gehe ich mit dem Handkarren an den Strand. Ich brauche Nachschub für das Holzsammelsurium auf dem Zwischendeck. Für mich und vielleicht für die Person, die nach mir diese Hütte für eine gewisse Zeit als ihre bezeichnen kann.

## Der Nordturm

Mir wurden zahlreiche Ratschläge von meinen Vorgängern und Vorgängerinnen mit auf den Weg gegeben, um die Saison auf Trischen gut bestreiten zu können. Diese Hinweise sind Gold wert, denn schließlich wird man hier mehr oder weniger ins kalte Wasser geschmissen. Eine mehrwöchige Einarbeitungszeit, in der man von jemandem an die Hand genommen wird, gibt es hier nicht.
Eine dieser Anmerkungen bezog sich auf den Nordturm: »Ruf am besten jemanden an, bevor du die wackelige Leiter hochsteigst, und weise darauf hin, dass, wenn du dich innerhalb dreißig Minuten nicht zurückmeldest, du vermutlich vom Turm gefallen bist oder das ganze Gebilde unter dir nachgegeben hat.« So weit so gut.
Der Turm hat schon einige Jahre auf dem Buckel. Ich rufe trotzdem niemanden an. Wird schon schiefgehen. Ich gebe zu, ein wenig mulmig ist mir schon, nachdem ich mehr als drei Meter über der Salzwiese eher an der Leiter balanciere, als sicher auf ihr zu stehen. Die Stahlseile hängen durch, und die Holzstreben sind morsch. Aber die Sonne scheint, und es weht kein arger Wind, der das gesamte Gerüst zum Schaukeln bringen würde. Eine kleine neue Welt soll sich mir erschließen. So hoffe ich. Ich weiß, dass die Wanderfalken hier gern ihre Beute verspeisen, und nicht selten wurden in den Vorjahren beringte Beine auf der kleinen Plattform oben am Turm gefunden. Ja, ganz richtig: beringte Beine ohne Vögel dran. Wie auch sonst: Schließlich waren hier hungrige Falken am Werk. Das Klettern treibt kurz den Puls in die Höhe, die Ringfunde tun dies nicht. Denn nur

ein einzelnes Bein, und zwar ohne Ring, liegt hier einsam herum. Kurz macht sich etwas Enttäuschung breit. Doch dann beginne ich einfach, mich umzuschauen. Von hier oben, so weit im Norden, sehe ich die Insel aus einer ganz anderen Perspektive. Da ist sie, die neue Welt!

## Der Mond

An manchen Samstagen ist die Tide nicht gerade versorgungsfahrtfreundlich. Es ist in der Regel immer der gleiche Wochentag, an dem Axel mit seinem Boot zu mir rüberschippert, aber es ist natürlich immer eine andere Zeit. Die Gestirne sind dafür verantwortlich. Perfekt ist es, wenn am frühen Morgen Hochwasser ist. Dann kommt Axel zur Frühstückszeit hier an und fährt am frühen Abend, sodass auf jeden Fall vor Abfahrt noch Zeit für ein Bier ist.

Heute ist ein Tag mit ungünstiger Tide. Axel kommt am Nachmittag und fährt in der Nacht zurück. Gut, es gibt Kaffee und Kuchen anstatt Frühstück, aber das Bier kündigt nicht seine Abfahrt an. Als ich die Luise wieder verlasse, ist noch kein Tropfen Wasser unterm Kiel. Ich schlendere zurück zur Hütte. Die Sonne ist bereits untergegangen. Ich schaue mir das Licht ihrer letzten Strahlen an, das den Himmel rosa und blau färbt. Dunkellilablaue Wolken hängen wie gezupfte Wattebäusche davor. Ach schön, denke ich, ein schöner, angenehmer Sonnenuntergang war das wohl, den ich unter Deck verpasst habe. Aber diese Ausläufer gefallen mir. Ich schlendere weiter. Zwischendurch drehe ich mich um, ich weiß nicht, warum. Ich glaube nicht, dass mich etwas aufgeschreckt hat oder ich über etwas nachgedacht habe, das meinen Blick nach hinten schweifen lässt. Vielleicht drehe ich mich einfach so um. Vielleicht habe ich aber auch unbewusst gespürt, dass hinter mir etwas im Busch, besser gesagt am Himmel ist. Als nun mein Blick gen Süden geht, entweicht mir

ein lautes »Wie bitte!« Ohne Fragezeichen. Der Mond war explodiert. Das stimmt natürlich nicht, aber das Wort verdeutlicht die Ausmaße von dem, was ich sehe: Der Mond ist riesig. Er strahlt in einem Bernsteingold, das ich noch nie gesehen habe! Erst dieser schöne Himmel, während ich gen Norden schaue, und dann die Explosion, als ich mich umdrehe.
Ich denke, ich habe hier schon einiges gesehen, aber immer noch habe ich keine Ahnung, was alles möglich ist.

## Die großen Wunder im Kleinen

Wenn bei hohen Wasserständen das Meerwasser unter die Hütte läuft und langsam den Trampelpfad Richtung Düne hinaufkraxelt, besteht manchmal die Möglichkeit, ein großes Naturschauspiel in sehr kleiner Ausführung beobachten zu können. Heute Abend ist ein solches Hochwasser. Als die Sonne untergeht, zieht sich langsam auch das Wasser zurück. Was übrig bleibt, ist eine Pfütze am Fuß der Treppe. Barfuß steige ich die Stufen hinab. Warum sollte ich über diese Pfütze hüpfen? Ich bin barfuß und trete hinein. Was ich nun sehe, ist eine Biolumineszens, ein durch Mikroorganismen verursachtes Leuchten im Wasser. Es erscheint aber nur, wenn die Wasseroberfläche gebrochen wird. Bei spiegelglatter See ist es nicht sichtbar. Mein Tapsen in die Pfütze lässt es also erscheinen. Die Farbe des Leuchtens lässt sich nur schwer beschreiben. Vielleicht ist es einfach hell mit einem Hauch von Grün. Man kennt es, wenn man vielleicht einmal nachts in der Nordsee baden war. So habe ich es als Kind das erste Mal gesehen. Hier auf Trischen, als Axel einmal mit dem nächtlichen Hochwasser kam, erblickte ich es auch, als ich die letzten Meter bis zu der Luise durchs Wasser lief. Doch nun ist es einfach in dieser kleinen Pfütze. Ich tapse in der kleinen Lache herum, in der Hoffnung, mehr davon zu sehen.

## Verzweiflung

Heute ist kurz vor Vollmond. Das bedeutet, es wird Zeit, um bei Hochwasser alle Vögel zu zählen, die im Rahmen der sogenannten Springtidenzählung erfasst werden – und das sind eine ganze Menge. Je nachdem, in welcher Jahreszeit wir uns gerade befinden, rasten andere und unterschiedlich viele Vögel auf der Insel. Heute rechne ich damit, dass ich etwa vier Stunden brauchen werde. Seit Tagen beobachte ich die großen Schwärme, die sich bei Hochwasser zum Rasten hier einfinden. Die Mauser der Tausenden von Brandgänsen und Eiderenten neigt sich dem Ende entgegen, die Möwen sind größtenteils ausgeflogen … Vier Stunden sollten also realistisch sein. Es sind vor allem die Limikolenschwärme, die es zu zählen gilt.

Ich beginne vom Beobachtungsturm aus. So kann ich insbesondere die Vögel gut erfassen, die an der Ostspitze rasten. Die Südspitze liegt in Sichtweite, doch um die Limikolen auf Artniveau bestimmen zu können, das heißt nicht nur die Wat- und Wasservögel in ihrer Gesamtheit, sondern nach Art getrennt, gehe ich lieber mit

dem geschulterten Spektiv zu Fuß zur Spitze. Ich suche mir einen Platz, wo ich alles gut einsehen kann, ohne die großen Schwärme von Pfuhlschnepfen, Knutts, Austernfischern etc. aufzuschrecken. Doch heute ist es leider so, dass sich mit mir noch jemand anderes an der Südspitze aufhält, der, wie ich, ebenfalls harte Arbeit vor sich hat und nicht rasten möchte: Es ist einer der Wanderfalken. Ich möchte zählen, er möchte jagen. Das passt leider schlecht zusammen. Den Kürzeren ziehe am Ende ich. Als ich zum dritten Mal versuche, die Knutts zu zählen, nachdem sie zum wiederholten Male durch den Wanderfalken aufgescheucht wurden, gebe ich für den Moment auf. Verzweiflung macht sich breit. Kurzer Fluch, dann lache ich und entscheide, das Ganze gelassen zu sehen. Stattdessen beobachte ich den Wanderfalken mit dem Spektiv. Anhand der konstanten Temposteigerung, mit der ich das Spektiv bewegen muss, lässt sich die Beschleunigung des Wanderfalken nachvollziehen, wenn er sich auf einen Vogel stürzt. Ich verfalle erneut in Wanderfalkenschwärmereien. Irgendwann hat der Jäger der Lüfte Erfolg und lässt sich auf dem Sand der Südspitze nieder. Die Schwärme werden nur nervös und fliegen auf, wenn der Falke in der Luft ist. Wenn er am Boden verweilt, bewahren sie einigermaßen Ruhe. Das ist meine Chance. Solange der Falke kröpft, zähle ich.

## Augen zu und Sturm

Raubmöwenwetter. Starker Wind aus Nordwest. Neun Beaufort. Das ist ganz offiziell Sturm. Oben an der Hütte peitscht der Wind um einiges stärker als in der Salzwiese. Selbst am Strand ist er schwächer. Immer noch stark, aber schwächer als hier oben. Sehr vorsichtig wage ich mich aus der Tür. Ich halte sie gut fest, denn ich möchte nicht, dass sie mir von einer Böe aus der Hand gerissen wird und mit aller Kraft aufschlägt. Ich glaube, bei neun Beaufort aus der

richtigen Richtung würde sie das nicht überstehen. Mit Fernglas und Kamera gewappnet mache ich mich auf zum Strand. Da es geregnet hat, komme ich über den Dünenübergang, ohne dass mich Tausende Sandnadeln ins Gesicht stechen. Es sind nur einige hundert.
Durch den Sturm, der mich ordentlich durchrüttelt, fühle ich mich auf ganz neue Weise lebendig. Immer wieder schaue ich durch das Fernglas. Keine Raubmöwe in Sicht. Auf dem Weg Richtung Südspitze schiebt mich der Wind nur so dahin. Schnell bin ich dort. Immerhin, drei Haubentaucher dümpeln meerseits der Südspitze in einem Priel. Dort sind sie einigermaßen vor dem Sturm geschützt. Das Wasser ist hier seichter. Es ist um Niedrigwasser. Von der Hütte hätte ich sie sonst nicht gesehen. Ich mache kehrt. Nun muss ich mich ordentlich gegen den Wind stemmen, um vorwärtszukommen. Ich versuche, meinen weiteren Weg mit geschlossenen Augen zu bestreiten. Damit schließe ich das Sehen aus und schärfe meine übrigen Sinne. Ich spüre den Wind umso intensiver. Schritt für Schritt geht es voran. Dabei spüre ich einen ähnlichen Widerstand, wie bei dem Versuch, im Wasser zu laufen, so sehr drückt der Wind gegen mich. Verlaufen kann ich mich ja nicht. Ich höre nur den Sturm und das Knirschen des Muschelschills unter meinen Füßen. Jede Windböe macht ihr eigenes Geräusch, streift mich auf unterschiedliche Art und lässt mich immer wieder schwanken. Ich öffne die Augen. Ein bisschen Richtung Watt bin ich ungewollt schon geraten, aber nicht sehr viel. Zurück auf den eigentlichen Weg … Ich fühle mich wachgerüttelt vom Wind. Während meine Augen auf dem Rückweg zeitweise geschlossen waren, sind sie nun umso weiter und wachsamer geöffnet. Da ist es nicht ganz so tragisch, dass die Raubmöwe ferngeblieben ist.

## Seltenheiten

Die Wetterbedingungen sind weiterhin die gleichen. Es stürmt konstant und ohne Ende. Ich habe immer noch die Raubmöwen im Kopf, und immer noch wollen sie sich nicht zeigen oder sind vermutlich einfach gar nicht da. Denn wenn man die Augen offen hält, ist es schwierig, eine Raubmöwe zu übersehen. Sie selbst kann man natürlich schon übersehen, aber die Reaktion der Inselwelt, wenn sie irgendwo auftaucht, lässt sich keineswegs ignorieren. Plötzliche Unruhe – Panik … Nun gut. Dann bringt der Sturm heute eben keine Raubmöwe. Vielleicht ist das Raubmöwen-Kontingent für diese Saison auch schon aufgebraucht, schließlich kamen anfänglich fast täglich Skuas vorbei. Während ich mich in Gedanken also damit abfinde, heute wohl nichts Spannendes mehr zu sehen, schwenke ich mit dem Fernglas durch das Fenster blickend gen Osten. Was ist das? Da war gerade ein ungewohntes Motiv vor meinen Augen! Ich schwenke zurück. Das kann doch nur …! Ist das nicht …? Ich schaue noch mal in mein Vogelbestimmungsbuch … Diesen Vogel habe ich noch nie gesehen (außer in Büchern). Tatsächlich, es ist eine Schwalbenmöwe! Die hat sich ganz eindeutig verirrt! Schwalbenmöwen brüten in der Hocharktis und überwintern in Afrika. Im Herbst passiert es dann sehr selten, dass einzelne Vögel auf ihrem Weg in die Überwinterungsgebiete verdriftet werden. Da der Wind sehr stark aus Westnordwest weht, hat es diese Schwalbenmöwe, die noch ihr Jugendkleid trägt, wohl nicht ganz geschafft, auf Kurs zu bleiben. Ich kann es kaum glauben. Ich schaue nach. Seit 1985 wurde keine Schwalbenmöwe von Trischen gemeldet! Und jetzt dümpelt sie hier entspannt direkt vor der Hütte im Wasser. Vor lauter Begeisterung und Freude mache ich tatsächlich kurz einen Hüpfer!

Es ist wohl so, dass es mehr oder weniger insgeheim unter Ornithologinnen und Ornithologen einen Wettstreit gibt, bei dem es darum geht, besondere und so viele Vogelarten wie möglich zu registrieren.

Dieser Ehrgeiz treibt mich nicht. Ich möchte meine Arbeit hier gut machen, so wenig wie möglich verpassen und dabei eine wunderbare unvergessliche Zeit erleben. Es soll nicht darum gehen, irgendwelche Vogelzahlrekorde zu knacken. Allerdings muss ich an dieser Stelle zugeben, dass ich mich nun doch ein bisschen herausgefordert fühle. Wenn man jeden Tag Vögel beobachtet, geben diese spannenden Neusichtungen Motivationsschübe. Und die sind wichtig. Denn es sind selten Worte Dritter, die motivieren. Drum her mit den spannenden Vögeln! Ich will mehr Luftsprünge machen!

## Pilgern

Es ist jeden Tag das gleiche Schauspiel. Nur im Herbst ist die Besetzung vervielfacht. Die Flut ist so weit fortgeschritten, dass die Südostbucht bereits zur Hälfte mit Wasser gefüllt ist. Ich schaue Richtung Südspitze und vor allem gen Himmel. Denn zu dieser Zeit vollführt eine Vogelart Pilgerflüge. Jedenfalls sind es Pilgerzüge, an die ich denken muss, wenn ich ihnen zuschaue. Ihr Pilgerziel ist ein ganz bestimmter Ort. Der Sand der Südspitze. Ich war nie pilgern und weiß nicht, wie sich das anfühlt oder vonstattengeht, aber ich stelle es mir oft so vor, dass viele Menschen auf unterschiedlichen Wegen zu einem bestimmten Ort strömen, aus der Motivation heraus … ja, was genau treibt sie an?
Das, was ich sehe, ist zwar ein sehr beeindruckendes Bild, doch beschreiben lässt es sich sehr nüchtern: Es sind Austernfischer. Der Charaktervogel dieser Landschaft. Sie kommen in kleinen Trupps von zehn bis circa zweihundert Vögeln aus allen Himmelsrichtungen und sammeln sich an der Südspitze. Der Grund ist einfach: Hochwasser naht, die Wattflächen sind mit Wasser bedeckt und die Nahrungsquelle der Vögel somit für einige Stunden versiegt. Was so nüchtern erscheint, ist gleichzeitig auch faszinierend, denn diese klei-

nen Trupps fügen sich am Ende zu einem schwarzen Teppich aus gut und gerne fünftausend Individuen zusammen. Nun kann man sich vielleicht vorstellen, wie der Himmel kurz vor Hochwasser aussieht: übersät von dunklen und meist charakteristisch rufenden und aufgeregt flatternden Himmelspunkten. Fast alle Vogelarten sammeln sich bei Hochwasser an bestimmten Orten, doch nur die Austernfischer lassen mich an Pilgernde denken.

## Zivilisierte Namen

Heute habe ich Besuch vom Gartenrotschwanz und vom Zaunkönig. Der Zaunkönig sieht aus wie eine kleine runde Kugel mit hoch, fast senkrecht aufgestelltem Schwanz und ruft metallisch schnalzend. Singen höre ich ihn hier eigentlich nie. Schließlich ist es Herbst, und er kommt nicht zum Balzen hierher. Der Gartenrotschwanz trägt einen orangefarbenen Plisseerock, und sein ständiges Wippen erinnert an einen Tanz. Ich schaue den beiden eine Weile zu, wie sie die Hütte von außen erkunden. Immer auf der Suche nach Insekten. Wie unterschiedlich diese beiden Singvögel doch aussehen! Allerdings haben

Der kleine, runde König

Hier würde wohl der Name Pfahlkönig besser passen

sie eine Gemeinsamkeit: Ihre Namen rücken sie an den Menschen und somit an die Zivilisation. Warum der eine nun gleich als König bezeichnet wird, hat eine lange Geschichte, aber um die soll es hier nicht gehen. Während ich die beiden Tagesgäste an der Hütte beobachte, stolpere ich immer wieder *über den Zaun in den Garten*. Beide, Zaun und Garten, deuten darauf hin, dass die Vögel ihre Namen bei Beobachtungen an von Menschen gemachten Orten bekamen. Allerdings scheint hier eine gewisse Willkür mit von der Partie gewesen zu sein. Denn niemand kann mir erzählen, dass der Gartenrotschwanz seltener auf Zäunen sitzt als der kleine dicke König! Die häufigen Sichtungen in Gärten gehen vermutlich auf das Nahrungsangebot dort zurück. Auf der Insel gibt es keinen Garten und keinen Zaun. Und trotzdem sehe ich diese beiden Gäste je nach Jahreszeit regelmäßig. Und nun kommt mir ein äußerst amüsanter Gedanke. Ich hatte während meiner Zeit auf der Insel bisher zweimal gefiederten Besuch in der Hütte: Es war immer der Hausrotschwanz. Wenn da nicht der Name Programm ist.

## Seehundbegegnung

Immer geht es nur um Vögel. Tatsächlich geht es sehr oft um Vögel, denn deswegen bin ich ja hier. Natürlich beobachte ich auch vieles andere, und weil ich heute einen Seehund traf, möchte ich von dieser Begegnung kurz erzählen. Bisher begegnete ich Seehunden auf vielerlei Weise. Mit großer Distanz, wenn ich mich der Nordspitze näherte und, um die vielen Seehunde nicht aufzuschrecken, wieder kehrtmachte. Mit großer Neugier, wenn ich baden war und der ein oder andere Seehund recht nah zu mir herankam. Mit Hoffnung, wenn ich einen kleinen einsamen Seehund am Strand fand und die Mutter dann aber meist doch noch auftauchte. Mit rotem Markierungsfaden, wenn sie tot an den Strand gespült wurden.

Heute allerdings bin ich fast über einen Seehund gestolpert. Nachdem der Vortag sehr stürmisch verlief, mache ich mich auf zum Strand, um zu schauen, was der Wind Neues auf die Insel gebracht hat. Der Dünenübergang ist völlig verweht. Der Wind kam aus Nordwest und hat dementsprechend die Düne mehr oder weniger schief geformt. Ich trampel während meiner Überquerung am Rand des Weges, damit der Sand abrutscht und sich wieder ein ebener Pfad bildet. Kurz fühle ich mich wie ein Kind in der Sandkiste. Ich trampel weiter und bin schon fast am Strand angelangt. Jetzt bringt es schon richtig Spaß. Ich beginne fast zu hüpfen, um den Sand in Position zu bringen. Mit einem letzten Hopps springe ich aus dem Dünenübergang in die davor gelagerten Primärdünen auf Strandseite. Da gucken mich zwei große runde Kulleraugen erstaunt an. Liegt hier doch tatsächlich ein Seehund sonnenbadend zwei Meter von mir entfernt. Das ist untypisch für Seehunde. Sie sind zwar neugierig, doch das ist selbst für sie zu viel, würde ich sagen. Vermutlich geht es ihm nicht sehr gut. Schnell mache ich zunächst zwei Schritte zurück in den Dünenübergang, sodass er mich nicht sieht und nicht nervös zu werden braucht. Hier muss ich, wie in so vielen anderen

Momenten auch, kurz lachen. Ich mache, soweit es geht, einen Bogen um den neuen Dünengast und setze meine Strandwanderung fort. Der Seehundpopulation geht es gut. Der Tod einzelner Seehunde gehört zum natürlichen Kreislauf, auch wenn nicht immer das Alter dafür verantwortlich ist. Doch dieser Seehund scheint dann doch agiler, als ich zunächst annahm. Während ich ihn am Folgetag tot oder zumindest wesentlich geschwächter vermute, ist er tatsächlich verschwunden. Mit dem nächtlichen Hochwasser hat er es zurück ins Meer geschafft.

## Am Abgrund stehen

Trischen, das Reh war der tiergewordene Beweis dafür, wandert entlang einer höhergelegenen Wattfläche auf das Festland zu. Dieses Gebiet, diese Plate, ist nach einem kleinen Ort südöstlich von Friedrichskoog benannt: Marne. Die Marner Plate hatte bis 2018 eine Engstelle, die jedes Jahr vermessen wurde. Das Ergebnis war immer: leichte Veränderung, aber ein Durchbruch sei in den nächsten Jahren nicht zu befürchten. Dann aber passierte es doch! Die Marner Plate brach durch. Ein Raunen ging durch das Wattenmeer. Alle reckten die Hälse, das gesamte Landesamt für Küstenschutz, Nationalpark und Meeresschutz, die Fischer, die Eiderenten, Axel und der Vogelwart. Heute sind immer noch alle ganz wachsam, und der Durchbruch ist in aller Munde. Niemand hat es vorhergesagt, und trotzdem ist es passiert. Man kann die Natur nicht immer so, wie Mensch will, bändigen oder vorausberechnen, was sie tun wird. Trotz aller neuen Technik, Beobachtungsmethoden und dem hohen Stand der Wissenschaft bleibt sie uns in manchem doch haushoch überlegen. Nun ist der Durchbruch da, und vieles verändert sich. Insbesondere die Strömung. Das Wasser fließt bei Ebbe und Flut anders ab und auf. Somit verändert sich auch die Sedimentation. Wie sich diese neue

Begebenheit auf Trischen auswirkt, ist offen. Theorien dazu gibt es viele. Fest steht, dass die Folgen beobachtet werden müssen und mit ihr die Veränderungen der Priele, Sandbänke und schlussendlich Trischens. Aus diesem Grund bin ich heute stundenlang im Watt unterwegs. Ich möchte die Trischen zugewandte Seite des Durchbruchs mit dem GPS-Gerät einmessen. Um meinen GPS-Track mit dem des letzten Jahres vergleichen zu können, wähle ich, soweit es der neue Verlauf der Wasserkante zulässt, den gleichen Weg, wie er 2018 gegangen wurde. Das wird ein ordentlicher Fußmarsch. Natürlich mache ich mich nicht ohne Proviant auf den Weg. Erst einmal an der Strandseite entlang bis an die Nordspitze. Von dort ins Watt und entlang des Flackstroms, so heißt der große Priel, der im Norden von Trischen verläuft, in einem leichten Bogen gen Osten. Ich habe Axels Stimme im Kopf: »Geh nicht oben im Norden im Flackstrom baden! Da wird es sofort sehr tief, und die Strömung ist stark!« Gut, dass das Badewetter langsam vorüber ist.
Hier im nordöstlichen Watt gibt es viel Neues für mich zu entdecken, denn dieses Gebiet um Trischen habe ich noch nie betreten. Riesige Muschelfriedhöfe liegen vor mir. Ich bin froh um meine Gummistiefel. Barfuß wäre das eine schmerzhafte Angelegenheit geworden. So lässt es sich gut gehen auf den leeren Muschelschalen. Bei jedem Schritt erklingt ein lautes mehrstimmiges Knacken. Zwischendurch ruft Axel an. Glück gehabt, dass ich nicht gerade im Funkloch unterwegs bin. Er bittet mich, bei Niedrigwasser eine Boje einzuholen. Das mache ich doch gern. Ob er wohl das Muschelknacken durch das Telefon hört? Es ist so laut und, neben dem Wind und meiner Stimme, das Einzige, was in diesem Moment erklingt. Nun kommt ein schlickiger Abschnitt ohne Muschelschill. Als ich mich einem Priel nähere, versinke ich von einem Schritt auf den anderen plötzlich so tief im Watt, dass mir der Schlick von oben in die Gummistiefel läuft. Na großartig! Beim mühseligen Rausziehen wird das Ganze natürlich nicht besser. Weiter geht's. Ich stoße auf Wasserfälle! Viele

kleine Prielarme münden in den Flackstrom, und weil Ebbe ist, läuft das Wasser von den Wattflächen über diese kleinen Priele Richtung Fahrwasser. An einigen Stellen haben sich Abbruchkanten gebildet, und dort sind die Miniaturwasserfälle entstanden! Ein angenehmes Plätschern, unterbrochen von den hektischen Rufen der Steinwälzer, die direkt vor mir vorbeidüsen. Ich erreiche den Durchbruch. Nun stehe ich an dieser Kante und bin beeindruckt. Axel ist mit der Luise neulich durch den Durchbruch gefahren. Seine Geräte sagten ihm, dass er über sieben Meter Wasser unterm Kiel hatte. Und das bei Niedrigwasser! Bei einem Tidenhub von etwa drei Metern, wie er bei uns im Wattenmeer der Durchschnitt ist, macht das eine Summe von zehn Metern Tiefe! Hier, an dieser Stelle, an der vor einem guten Jahr noch ein durchgängiges Plateau bestand! Mit wie viel Kraft muss das Wasser hindurchlaufen, um in so kurzer Zeit so viel Watt abzutragen! Ich komme aus dem Staunen gar nicht mehr heraus. Ehrfurcht macht sich breit. Aber viel Zeit zum Sichwundern bleibt nicht. Die Kante will weiter vermessen werden und das zeitlich so nah wie möglich bei Niedrigwasser. Also nicht trödeln! Außerdem muss ich auf dem weiteren Weg, das Ziel ist nun die Südspitze, noch den ein oder anderen kleinen Priel durchqueren. Ich will nicht zu dem Schlick auch noch Wasser in meine Gummistiefel bekommen. Also geht's weiter. Mein Proviant ist natürlich schon lange aufgegessen, und das Gehen in den verschlickten Gummistiefeln raubt mir Energie. Doch der Herbst ist bereits da, und barfuß wäre es doppelt unangenehm. Ich versuche, mich abzulenken, und beobachte die schönen Eiderenten, die neben mir im Neufahrwasser, dem großen Priel südlich von Trischen, dümpeln. Vom Hüttenturm aus kann ich sie manchmal gerade noch dabei beobachten, wie sie gemeinsam mit Brandgänsen diese neue Strömung im Durchbruch nutzen. Äußerst flott sind sie hier unterwegs. Manchmal kommt es mir vor, als würden sie surfen.

## Skurriles

Heute hatte ich sehr spontan und ungewollt Kontakt zu Menschen, mit denen ich nicht gerechnet habe. Allerdings nur indirekt.
Ich sitze mit Axel auf seinem Boot. Das Wasser läuft auf. Das Neufahrwasser mit grünen Markierungstonnen verläuft direkt an der Südspitze, an der wir uns befinden. Manchmal sind hier Krabbenkutter unterwegs. Je nachdem, von wo ich schaue, sieht es nicht selten so aus, als würden sie über den Strand fahren, so nah wirken sie, und die leichte Erhöhung der Südspitze verzerrt die Perspektive. Normalerweise ignoriere ich die Kutter beziehungsweise registriere sie, notiere ihre Anzahl, wenn ich sie zu bestimmten Uhrzeiten sehe, und rede vielleicht einmal mit Axel über sie. Axel braucht nicht den Namen an den Kuttern zu lesen, er erkennt sie so. Heute ist ein roter Krabbenkutter in unserer Nähe, und Axel wundert sich, was dieser Kutter da macht. Nach Fischen sieht das nicht aus. Er ist so nah, dass man die vierköpfige Besatzung gut ausmachen kann. Eigent-

Weit weg und doch ganz nah. Die Netze werden eingeholt

lich besteht die Standardbesatzung aus zwei Personen: der Fischer und sein Helfer. Dann klingelt plötzlich mein Diensthandy, das ich immer bei mir trage. Es ist einer der zwei weiteren Menschen auf dem Kutter. Ein Filmteam! Ich kenne sie bereits, aber diese Kontaktaufnahme ist nicht abgesprochen und erscheint mir gerade völlig skurril. Eigentlich will das Team nur die Fischer bei ihrer Arbeit filmen, und da sie nun schon mal so nah an Trischen sind, da dachten sie sich, filmen sie doch glatt noch mal vom Kutter aus die Insel und mich. Ich mache mich also auf, verlasse die Luise und laufe mit meinem Handkarren etwas näher an der Wasserkante, als ich es normalerweise tun würde. Der Kutter wartet dort auf mich.
Das Filmteam begleitet mich mit der Kamera vom Schiff aus ein Stück meines Weges. Ich schaue zu ihnen hinüber. Ich sehe den Fischer und seinen Helfer. Sie winken, ich winke zurück. Das gab's noch nie! Ungewohnter Kontakt. Einer aus der Crew ruft mir etwas zu. Ich verstehe ihn und antworte, doch durch die Motorengeräusche des Kutters scheinen sie mich wiederum nicht zu hören. Wir gestikulieren kurz, winken zum Abschied, der Kutter dreht ab, ich gehe weiter. Das war's. Verblüfft und kopfschüttelnd ziehe ich meinen Karren bis zur Hütte. Schon lustig, dass ich menschlichen Kontakt nun als seltsam, ja fast skurril empfinde.

## Farbenspiel

Auch auf Trischen macht sich der Herbst durch einen wunderschönen Farbwechsel bemerkbar. Wird am Festland das Grün der Bäume zu Rot-, Orange- und Gelbtönen, die die Bäume mal dezent, mal leuchtend, mal gesprenkelt, aber immer einmalig in Szene setzen, vollzieht sich der Wandel auf Trischen in der Fläche.
Es sind insbesondere die Pflanzen der Pionierzone, also dem Bereich der Salzwiese, der aus dem Watt erwächst, die der Vegetation

ein ganz neues Aussehen verleihen. Rot, Lila etwas Orange, wenig Gelb. Ähnlich der Wälderfarben aber doch ganz anders. Allerdings ist hier für die Färbung ein Faktor verantwortlich, mit dem die Bäume am Festland nichts zu tun haben: Salz. Im Laufe eines Salzwiesenjahres lagert sich in vielen Pflanzen immer mehr Salz ab. Einige scheiden es zum Beispiel über spezielle Drüsen direkt wieder aus. Doch andere, wie der Queller, nehmen immer mehr auf, bis sie gewissermaßen völlig versalzen sind. Als einjährige Pflanzen sterben sie ab und müssen im Folgejahr neu aus Samen erwachsen. Der Salzgehalt des Quellers ist so hoch, dass die meisten potenziellen tierischen Fressfeinde diese Pflanze meiden. In kleinen Mengen finde ich ihn wiederum sehr lecker. Allerdings bevorzuge ich die jungen grünen sukkulenten Stängelchen, denn wenn sie im Herbst sehr fleischig und rot sind, ist auch mir der Salzgehalt zu hoch. Eine besondere Kräuterbutter hat für einige Zeit meinen Insel-Speiseplan ergänzt.

Wenn die herbstliche Sonne nun die »alte« Salzwiese leuchten lässt, bekomme ich regelmäßig ganz große Augen. Wunderschön liegt sie flach an der Wasserkante, bekommt von Zeit zu Zeit kleine Wellen als Gesellschaft, die sie seicht hin und her schaukeln lässt. Doch es ist nicht nur eine große Fläche in verschiedenen Rottönen. Einige Pflanzen der unteren Salzwiese schieben sich ab einer bestimmten Höhe dazwischen. Sie bringen verschiedene Grüntöne mit, die gemeinsam mit den Rottönen überwältigend gefärbte Teppiche bilden. Dieses Farbenspiel werde ich vermissen. Bei mir zu Hause sind die Salzwiesen an den meisten Orten gebannt. Entweder ist ein Deich davorgesetzt oder sie sind beweidet, um die Wiese bewusst kurz um den Boden fest zu halten. Ich versuche, mir ein herbstliches Bild wie ein Foto in meinem Kopf abzuspeichern. Die Kamera kann nicht alles wiedergeben, was hier an unterschiedlichen Farbtönen und ebenso unterschiedlichem herbstlichen Sonnenlicht erscheint.

## Schreckensszenarien

Heute habe ich einen toten Marderhund am Strand gefunden. Es ist der dritte in dieser Saison, und er sieht aus wie gerade umgekippt. Das Meer hat den toten Tierkörper an den Strand getrieben, doch so wenig Zeit, wie seit seinem Tod vergangen sein muss, hätte vielleicht nicht mehr viel gefehlt und er wäre lebend am Strand angekommen. Und nun beginnen sich in meinem Kopf, die Gedanken zu drehen. Ich male mir Schreckensszenarien aus: Der Marderhund kommt lebend am Strand an und ist trächtig. Plötzlich ist eine ganze Reihe von diesen räuberischen Tieren auf der Insel unterwegs. Das war's mit der Ungestörtheit der Vögel! Der Marderhund streunt umher und macht sich an den Gelegen zu schaffen. Die Vögel versuchen, ihren Nachwuchs zu verteidigen, doch haben sie kaum eine Chance. Die Marderhunde vermehren sich, und in den Folgejahren wandern viele Brutvögel ab. Sie wollen sich einen neuen, ungestörten Ort suchen. Doch es gibt keinen mehr. Entweder sind räuberische Tiere unterwegs, oder der Mensch lässt ihnen keinen Platz.

Was in meinem Kopf stattfindet, ist gar nicht so abwegig. Auf einigen Halligen, die bis vor ein paar Jahren ein sicherer Brutplatz für viele Vögel gewesen sind, hat sich ein Fuchs in ein Paradies eingeschlichen. Seine Anwesenheit zerstört das Paradies der brütenden Vögel. Der Natur- und Artenschutz steht vor neuen Herausforderungen. In den Vorjahren wurden anscheinend keine Marderhunde an Trischens Strand angespült. Die Tatsache, dass es dieses Jahr gleich mehrere sind, spiegelt vermutlich den zunehmenden Bestand am Festland wider. Hoffen wir, dass Trischen auch in den nächsten Jahren ein ungestörter Brutort sein kann und meine Schreckenszenarien nicht Realität werden!

## Trauernde Seeschwalben

Keine Sorge, den Flussseeschwalben geht es weiterhin gut, soweit ich das als Mensch beurteilen kann. Seeschwalben sind faszinierende Vögel, deshalb widme ich diese Episode einer weiteren Vertreterin der Gruppe – und zwar einer Seeschwalbenart, die in Trauer nach Trischen kommt, sozusagen. Die Trauerseeschwalbe. Ihren Namen hat sie ihrem dunklen Gefieder zu verdanken. Diese Färbung zeigt allerdings ausschließlich das Prachtkleid. Nur die Schwanzunterseite ist weiß, ansonsten tragen die Trauerseeschwalben komplett schwarz oder Dunkelgrau. Umwerfend schön sehen sie so aus. Fast ein bisschen mystisch. Die Trauerseeschwalben, die nach Trischen kommen, stecken gerade irgendwo zwischen Pracht- und Schlichtkleid. Einige sind schon sehr weit ihm Wechsel des Federkleides, andere scheinen noch gar nicht angefangen zu haben, und bei anderen wiederum ist der Wechsel fast abgeschlossen. So sehe ich kleine Trupps von völlig unterschiedlich schwarz-weiß gefärbten Seeschwalben.

Trauerseeschwalben brüten nicht auf Trischen. Ihnen gefällt die Küste nicht. Sie bevorzugen Süß- oder zumindest Brackwasserregionen. Und wenn dann auch noch eine schöne niedrige Schwimmblattvegetation auf den Gewässern ist, dann fühlen sich die trauernden Seeschwalben, die aber eigentlich ganz fröhlich sind, sehr wohl.

Auf Trischen rasten sie manchmal an der Südspitze unter den anderen Seeschwalbenarten auf dem Sand. Sie sind etwas größer als die winzigen Zwergseeschwalben und aufgrund ihrer dunkleren Färbung bereits aus großer Distanz zu erkennen.

Den Trauerseeschwalben geht es in Deutschland nicht sehr gut. Hier ist vielleicht tatsächlich Trauer angebracht. Die Zahl der brütenden Paare geht stark zurück, denn es gibt für sie immer weniger ruhige, geschützte Orte, an denen sie ohne Störung und nahe Fressfeinde brüten können.

Umso mehr freue ich mich über die Besuche der Trauerseeschwalben. Auch wenn es immer nur kurze Zwischenstopps sind, die die schönen Vögel hier einlegen.

## Greifvogelbegegnungen

Eigentlich kommt es täglich vor, dass ich Greifvögel auf oder über der Insel beobachten kann – nicht zuletzt natürlich, weil ein Brutpaar, nämlich die Wanderfalken, hier »zu Hause« ist und Trischen als ihr Revier versteht. Doch auch andere Greife, wie Weihen, Bussarde und Adler (leider keine Milane, die mir sehr gefallen), statten der Insel immer wieder einen Besuch ab. Heute sehe ich zwei sehr unterschiedliche, die mir eine Zeitlang schöne Beobachtungen bescheren. Eine junge Steppenweihe und einen Merlin. Die Steppenweihe kommt am Vormittag. Ich beobachte sie lange aus der Ferne. Komm bitte näher zur Hütte! Ich muss dich aus geringerer Distanz sehen, um dich eindeutig als Steppenweihe zu identifizieren! Und sie kommt! Vorbildlich. Die Weihe, die noch ihr Jugendkleid trägt, hat eine auffällige dunkle Halsboa. Das ist das charakteristischste Merk-

Merlin

mal der jungen Steppenweihen. Eine Steppenweihe zu sehen, ist etwas Besonderes. Sowohl auf Trischen als auch an den meisten anderen Orten in Deutschland. Sie bevorzugt sonst andere Gefilde. Für mich sind die insgesamt fünf Steppenweihensichtungen auf Trischen in dieser Saison überhaupt meine ersten. Das lässt das Ornithologinnen-Herz glatt ein bisschen hüpfen. Und was macht diese hübsche Weihe? Sie setzt sich tatsächlich für einen kleinen Moment, für eine noch kleinere Gefiederpflege auf einen Pfeiler westlich der Hütte! Schnell ein paar Fotos machen, bevor sie sich wieder aufmacht!
Nun gleitet die Weihe über den Dünenkamm, den Blick immer nach unten, ob nicht potenzielle Beute ausgemacht werden kann. Ein kleiner Vogel wird aufgeschreckt und saust aus der Dünenvegetation hervor und die Weihe ihm kurzerhand hinterher. Doch was ist das?! Ein anderer Vogel huscht mir durchs Bild! Das muss der kleine Merlin sein, den ich zuvor schon über der Insel beobachtet habe. Und weil der Merlin der kleinste Falke Europas ist (wenn man das Männchen betrachtet, das wesentlich weniger Körpermasse aufweist als das Weibchen), macht die junge Weihe kurzerhand Jagd auf diesen, lässt aber schnell wieder von ihm ab und widmet sich erneut den Singvögeln. Vermutlich sieht sie in dem Merlin einen Konkurrenten. Wessen Jagdrevier ist das hier nun? Die Wanderfalken müssten hier für eine Antwort nicht lange überlegen. Wo stecken sie bloß in diesem Moment? Ich beobachte eine geraume Zeit, wie der kleine Merlin und die um einiges größere Steppenweihe im Süden der Insel jagend unterwegs sind. Ein schönes Bild – auch wenn sie zu zweit für einige Unruhe unter den anderen Inselgästen sorgen.

Später macht die Steppenweihe den Osten der Insel unsicher. Die Großen Brachvögel, die sich dort gerne zu Hochwasser zum Rasten versammeln, fliegen unruhig auf. Der Merlin hingegen bekommt Gesellschaft von einem Artgenossen. Streit liegt in der Luft. Beide beanspruchen den gleichen Sitzposten, einen Pfeiler im Norden der

Hütte. Da wird gezetert, gehackt und ein halber Purzelbaum in der Luft geschlagen. Einige Greifvogelbeobachtungen sind schon fast actionfilmtauglich. Wenn ich Seeschwalben bei der Balz beobachte, denke ich an eine Romanze mit ein bisschen Drama, und bei den Silbermöwen komme ich nicht umhin, sie immer als Bösewichte in einem Thriller zu sehen. Böse gelbe Augen, Rotschenkelküken im Schnabel …

Um meiner kleinen Leidenschaft für Vogelnamen nachzugehen: So wie es aussieht, hat der kleinste Falke Europas nichts mit dem Zauberer am Hut.

## Regen

Es regnet den ganzen Tag. Das kann doch gar nicht sein. Der Wind müsste die Regenwolken doch eigentlich weitertragen. Oder sie müssten sich irgendwann auch einfach mal ausgeregnet haben. Aber Pustekuchen. Der Wind, der ordentlich weht, bringt immer neue dunkle Wolken heran. Ich habe überhaupt keine Lust, einen Fuß vor die Tür zu setzen. *Es gibt kein schlechtes Wetter, es gibt nur falsche Kleidung,* jaja … Aber trotzdem. Ich bleibe drinnen. Wieder so ein Moment, in dem man sich gut überlegen muss, was man nun tut, denn sonst beginnt sich eine Schwere einzustellen. Eine Last, die auf die Schultern drückt und das Aufraffen erschwert. Ich stelle mir ein Hörbuch an. Das ist auch etwas, das ich hier gelernt habe. In der Stadt gelang es mir nicht, mich auf das Vorgelesene aus dem Lautsprecher zu konzentrieren. Vieles war da, das ablenkte. Nun sitze ich also am Fenster, lausche, schaue und erwarte rein gar nichts. Noch nicht mal auf eine Skua hoffe ich, obwohl der Wind sie gut zu dieser Jahreszeit über die Insel wehen könnte. Lieber nicht zu viel erwarten an solch einem Tag, dann kann man auch nicht enttäuscht werden.

So ist es gut. So lässt es sich aushalten. Und gutes Essen, auch das ist in solchen Momenten wichtig! Davon habe ich eine ganze Menge auf dem Herd stehen. Der Ofen knistert, mir ist angenehm warm. Mein Fenster zum Norden weist kaum einen Regentropfen auf. Der Wind kommt aus Südwest, und so haben das West- und das Südfenster schräge Regenstreifen, die nach und nach hinunterrinnen. Mit dem Fernglas lässt es sich trotzdem gut durch die gesprenkelten Scheiben schauen. Der Fokus ist ja in der Ferne. Seit ein paar Tagen ziehen die Wiesenpieper in breiten Bändern über Trischen gen Süden. Doch bei diesem Wetter legen sie auf der Insel einen Zwischenstopp ein. Plötzlich fliegt die ganze Bagage auf. An die hundert Pieper sind gleichzeitig am Himmel. Oha! Da ist etwas im Busch, besser gesagt in der Luft! Ich habe zwar nicht mit einer Skua gerechnet, und die kommt tatsächlich nicht, aber dafür eine andere Raubmöwe, nämlich die schmarotzende, vorbeigeschossen. Ha! Hat dieses Wetter doch etwas Gutes! Raubmöwen leben eigentlich weit draußen auf dem Meer. Bei starken Stürmen aus der richtigen Richtung werden sie an die Küste verdriftet, und das ist die Chance einer jeden Vogelwartin und eines jeden Vogelwartes, räuberische Möwen zu sichten.
Mir ist weiterhin wohlig warm, jetzt vielleicht noch ein bisschen mehr, ich betrachte den Regen, wie er an der Scheibe herunterläuft, greife zur Kaffeetasse und bin gar nicht mehr so wütend auf das Wetter. Vielleicht gehe ich doch noch an den Strand.

## Turmfalkeninvasion

Heute ist ein perfekter Morgen. Leichter Wind aus Nord, Sonne und Temperaturen, die im September genau richtig sind, um das Gefühl zu haben, der Herbst steht vor der Tür. Dicker-Pulli-Wetter.
Ich mag den Herbst. Eigentlich mag ich jede Jahreszeit, sobald sie sich am Ende der vorherigen ankündigt. Vorfreude! Weil die vergangene

Woche eher stürmisch und regnerisch war, erstarrte der Vogelzug für eine kleine Weile. Umso stärker findet er an diesem ersten schönen Septembermorgen statt. Die zwei Stunden Beobachtungszeit rinnen nur so dahin, und ich komme aus dem Schauen, Aufschreiben und zwischendurch auch noch kurz Zur-Kaffeetasse-Greifen gar nicht mehr heraus. Großartig! So viel Action am frühen Morgen! Und weil ich nicht schon genug Beschäftigung habe, beschließt gleich ein ganzer Trupp Turmfalken, sich zu früher Uhrzeit für eine Weile im Süden der Insel aufzuhalten. Fünf Individuen sind es, und sie sind überall und blitzschnell. Ich bin immer wieder überrascht, wo ich sie plötzlich erblicke. Zunächst sehe ich sie synchron rüttelnd über den Dünen. Kopf nach unten, Schwanz gefächert und so mit den Flügeln schlagend, dass sie quasi auf der Stelle flattern. Ein Falke setzt sich doch tatsächlich auf den Pfeiler am Dünenübergang. Schönes Fotomotiv! Und ein anderer fliegt so zielgerichtet auf mich und meine Kamera zu, als wolle er auf meinem Kopf landen. Herangezoomt mit meinem Teleobjektiv schauen wir uns quasi kurz in die Augen. So nah kam mir ein Turmfalke noch nie! Seine schwarzen Kulleraugen mit dem gelben Ring sind gut zu erkennen. Doch dann saust er über meinen Kopf hinweg und beginnt, nördlich der Hütte zu rütteln.

Ich stehe ganz ruhig, und die zwei nun folgenden Individuen haben mich definitiv zunächst nicht bemerkt, denn sie landen direkt über meinem Kopf auf dem Beobachtungsturm, womit sie ihrem Namen kurz alle Ehre machen. Die Bewegung meines Armes, um die Kamera in ihre Richtung zu führen, ist bereits zu viel. Ein kurzer Blick über die Falkenschulter, und schon stürzen beide davon. Ein einzelner Falke setzt sich abschließend noch auf einen Pfahl westlich der Hütte und lässt sich fotografieren, während er sich mit seinen Krallen am Kopf kratzt. Wo ist die Zeit geblieben? Breit grinsend greife ich zur Kaffeetasse, in der der Kaffee kalt geworden ist. Das nehme ich gerne in Kauf.

## Schlichte Eleganz – der Knutt

Ich finde es immer wieder erstaunlich, wie elegant Schlichtheit sein kann. Eines der besten Beispiele hierfür stellt für mich der Knutt dar. Im Frühling, als die Vögel ihre roten Prachtkleider trugen, kamen in diesem Jahr nur wenige Knutts nach Trischen. Gebrütet wird

schließlich im hohen Norden. Im Herbst sieht es da schon etwas anders aus. Allerdings haben sie ihr »Hochzeitskleid«, wie früher gerne gesagt wurde, gegen ihr »Ruhekleid« getauscht. Im ersten Moment sind sie grau und für viele Menschen vermutlich langweilig in ihrem Erscheinungsbild. Doch auch hier gilt es, genau hinzuschauen! Jede einzelne Federspitze an den Flügeln ist schmal schwarz und ganz außen etwas breiter weiß umrandet. So entsteht ein minimalistisches, wunderschönes Schuppenmuster. Der Bauch ist hell, nur an den Seiten zeigen sich sehr feine graue Sprenkel. Über dem Auge trägt der Knutt im Schlichtkleid einen weißen Streifen, der an einen Lidschatten erinnert. Fast divenartig tippeln sie daher. Zu diesem eleganten Grau tragen sie ein dezentes Grün an den Beinen. Die Farben harmonieren gut miteinander und machen den »schlichten« Knutt in meinen Augen zu etwas Besonderem.

Heute stürmt es. Je nachdem, wie ich mich im Wind bewege oder ausharre, lassen sich die Knutts von mir nicht stören. Sie tippeln auf Nahrungssuche an der Wasserkante entlang. Ich sitze auf Sand, und die schönen Vögel laufen drei Meter vor mir entlang. Ich bewege mich so wenig wie möglich. Sie fliegen nicht auf. Ich weiß, wie wichtig es für sie ist, keine Energie durch unnötiges Auffliegen zu verschenken. Es geht darum, sich Fettreserven für den Weiterzug anzufressen. Der Knutt ist ein extremer Langstreckenzieher. Um über viertausend Kilometer zu bewältigen, verdoppelt er fast sein Gewicht. So hat er ausreichend Fettreserven, die er im Flug verbrennt. Da bin ich doppelt froh, dass sie meine Anwesenheit an der Wasserkante nicht als störend empfinden. Neulich erfuhr ich von einer Studie, die belegt, auf welch gravierende Weise sich der Klimawandel auf die Knuttpopulation auswirkt. Während sich für viele Menschen die Folgen der Erderwärmung nur indirekt bemerkbar machen, empfinde ich zumindest die Erkenntnisse bezüglich der negativen Auswirkungen auf den Knutt als wachrüttelnd: Der Knutt brütet in der Arktis. Dort ist der Klimawandel besonders stark zu spüren. Das Eis schmilzt. Es schmilzt so schnell, dass sich der Frühlingsbeginn mit seinem großen Insektenaufkommen jedes Jahr um circa einen halben Tag nach vorne verschiebt. Das bringt den Knutt in eine schwierige Lage. Sein Jahresrhythmus ist an den der Natur angepasst. Doch bei der schnellen Verlagerung des Frühlingsbeginns kann der Knutt nicht mithalten. Es ist wichtig, dass seine Küken genau dann schlüpfen, wenn das Nahrungsangebot am größten ist. Aber die lange Strecke von Westafrika braucht nun mal ihre Zeit. Es kommt zu einem sogenannten Mismatch. Die Jungenaufzucht findet nicht mehr zur Insektenhochzeit statt. Die Folge: Viele Knutts sind unterernährt, kleiner und haben einen kürzeren Schnabel. Die Schnäbel verschiedener Vogelarten sind unterschiedlich geformt, und die Tiere besetzen somit unterschiedliche ökologische Nischen. Der Knutt kommt mit seiner eigentlichen Schnabellänge perfekt an eine sehr nahrhafte Muschel im Wattboden. Doch die unterernährten Vögel mit den kürzeren Schnäbeln erreichen diese nicht und müssen sich mit weniger nahrhaften Muscheln und Seegras zufriedengeben. Diese Knutts haben eine geringere Überlebensrate als die Individuen mit längerem Schnabel. Die Bestände nehmen ab, der Knutt fliegt immer früher in seine Brutgebiete, aber er ist nicht so schnell wie der Klimawandel, der das Eis zum Schmelzen bringt.

## Vogelperspektive

Land unter. Komische Formulierung, aber so ist es. Die Insel ist weg. Das Meer hat sie einfach verschluckt, allerdings ganz allmählich. Zentimeter für Zentimeter kriecht das Wasser hinauf, überschwemmt den Halligflieder, später die Strandastern und die Quecke. Nur die Dünen ragen in einem schmalen Bogen aus dem Wasser heraus. Sie bremsen die Wellen, sodass das Wasser im Osten der Dünen seicht dahindümpelt, während es im Westen tobt. Der starke Nordwest-

wind trägt immer wieder kleine Schauer heran, die aber oft nur circa zwanzig Sekunden dauern. Anschließend folgt wieder strahlender Sonnenschein. Verrückt. Die Hütte auf ihren Stelzen wirkt etwas verloren so mitten im Meer. Jetzt ein Vogel sein! Ich würde zu gerne sehen, wie diese sehr schmale Sichel, die aus dem Wasser lugt, von oben aussieht! Wenn ich mir Trischen auf Satellitenaufnahmen oder auf einem Foto, das vom Flugzeug aus aufgenommen wurde, von oben ansehe (nicht wenn Land unter ist), kommt mir immer der Begriff »Sollbruchstelle« in den Sinn. Ich schaue in den südlichen Teil. Dort reicht der sogenannte Hafenpriel von Osten kommend bis weit Richtung der Dünen im Westen. Als würde die Insel hier abknicken wollen. Und genau diese Stelle ist es auch, die bei Land unter beinahe zu einer Wasserstraße wird, die aus der einen Insel fast zwei macht. Wie viel Land tatsächlich an dieser Stelle noch aus dem Wasser ragt, kann ich aus meiner Hüttenperspektive nicht richtig erkennen. Wenn ich ein Vöglein wär …

## Ein kleines bisschen Ehrfurcht – Peter Todt, seine Vorgängerïnnen und Nachfolgerïnnen

Wenn ich am Schreibtisch sitze und nach oben schaue, sehe ich über dem Fenster ein Brett, das als Regal dient. Es biegt sich langsam in der Mitte durch, so schwer ist es beladen. Um es am Durchbrechen zu hindern, hat jemand eine Kordel darum gebunden und diese wiederum am Balken unter der Decke verknotet, und das ist auch gut so, denn mit den Jahren wird das Gewicht mehr und nicht weniger. Das Regal über dem Fenster beherbergt die Trischen-Berichte. Einen für jede Saison. Seit 1976. Das Vogelwartïn-Dasein hat eine sehr lange Tradition. Ich empfinde es als Ehre, mich hier nun einreihen zu dürfen. Wenn ich die Insel verlassen habe, werde auch ich einen Bericht schreiben, der dann am äußersten Ende des Regals seinen Platz bekommt und dem Brett noch mehr abverlangt. Irgendeiner dieser Berichte, der bereits dort oben steht, wurde von der Person geschrieben, die auch die Kordel an dem Regal anbrachte. Ich weiß nicht, wer es war. In diesen Berichten zu lesen, kann süchtig machen. Welcher seltene Vogel wurde in welchem Jahr gesehen, welche lustigen Ereignisse hat wer erlebt …? Die meisten ehemaligen Vogelwarte und Vogelwartinnen habe ich nie getroffen, doch durch das Lesen ihrer Beobachtungen und Erlebnisse, meine ich, sie ein klitzekleines bisschen zu kennen.

Eine besondere Stellung haben die Berichte von 1976 bis 1999. Denn sie sind alle von ein und derselben Person verfasst. Während seit dem Jahr 2000 (mit einer Ausnahme) jedes Jahr eine neue Person berufen wird, auf die Insel zu gehen, war Peter Todt fast fünfundzwanzig Jahre lang Vogelwart auf Trischen. Die Insel verdankt ihm viel. Denn damals war es noch gang und gäbe, dass sich jeder aufmachen konnte, um Trischen einen Besuch abzustatten. Was hier alles veranstaltet wurde: Es wurden Eier geklaut, man sonnte sich, landete mit dem Flugzeug … die Liste ist lang, wenn man in den alten Berichten liest. Dank Peter Todt wurden diese unkontrollierten Besuche mit der Zeit unterbunden, bis er nur noch über die Vögel wachte und weniger über die Menschen, die Trischen betraten. Während heute die Berichte am Computer verfasst werden und mit Bildern und Diagrammen versehen sind, schrieb Peter Todt anfänglich von Hand, machte vielleicht mal eine Skizze und berichtete unter anderem sehr detailliert von seinen Hühnern, die er damals hielt. Wie kleine Abenteuerromane mit humorvollen Anekdoten lassen sich seine Aufzeichnungen lesen. Dank ihm existiert eine sehr lang Datenreihe, die Rückschlüsse auf die Bestandsentwicklungen bestimmter Vogelarten zulässt. Doch bereits vor Peter Todt waren immer mal wieder unterschiedliche Menschen für einige Monate auf Trischen, um die Insel zu betreuen, sodass die Vogelwartïnnen-Tradition noch viel weiter zurückreicht. Ich werde fast ehrfürchtig, wenn ich diese Zeilen schreibe. Es verdeutlicht mir erneut, welches Glück ich habe, hier für sieben Monate sein zu dürfen.

## Aufstand der Großen Brachvögel

Überall am Himmel sind kleine Trupps von Vögeln mit überdimensional großen, nach unten gebogenen Schnäbeln unterwegs. Im Flug zeigt sich ein breiter weißer Keil, der sich vom Schwanz auf den Rücken zieht. Ihre Flügelspitzen sind dunkler als der Rest ihres braun marmorierten Gefieders. Sie fliegen scheinbar planlos hin und her. Ihre Rufe erschallen von überall und sind sehr laut und vielseitig. Ein Krakeelen in Flötentönen. Der Grund für den Aufstand der Großen Brachvögel ist ganz einfach: Sie wissen nicht, wohin. Es ist Land unter, und ihnen wurde vom Meer wortwörtlich der Boden unter den Füßen weggezogen. Von Zeit zu Zeit findet ein Großer Brachvogel einen Platz am Dünenfuß, denn nur die größten Inselerhebungen ragen aus dem Meer. Hier findet er die nötige Ruhe, um kurz zu verweilen. Zu dem Wasser von unten kommt auch noch Wasser von oben. Und zwar nicht gerade wenig … Wie begossene Pudel stehen sie da und betreiben Gefiederpflege, was bei ihren riesigen Schnäbeln immer etwas nach Verrenkung aussieht. Bei diesem Wetter würde man sie gerne als Regenbrachvögel betiteln, doch der Name ist bereits vergeben. Die kleinere Variante des Großen Brachvogels ist nämlich nach dem kühlen Nass von oben benannt. Stimmgewaltig ist der Regenbrachvogel auch, aber leider im Herbst auf Trischen nicht mehr anwesend. Überhaupt sind die Regenbrachvögel nur in sehr geringer Zahl auf der Insel gewesen. Meist haben sie durch ihren in der Tonhöhe abfallenden Gesang auf sich aufmerksam gemacht, bevor ich sie in der Südostbucht entdeckte. Die Großen Brachvögel hingegen kommen zu Tausenden und halten sich bevorzugt an der Ostspitze auf. Erst wenn sie geschlossen auffliegen, was nur sehr selten geschieht und meist mit einem Seeadler oder einer anderen Gefahr zusammenhängt, erkenne ich, wie viele es wirklich sind. Die Salzwiese scheint sie zu verschlucken. In diesen Momenten wird mir erneut bewusst, wie viel hier im Verborgenen geschieht, ohne dass der Mensch es immer beobachten kann. Es verdeutlicht mir, dass ich hier nur ein Gast bin, der zwar versucht, vieles zu sehen und zu verstehen, aber einen Großteil gar nicht begreifen kann. Auch durch Hilfsmittel, wie technische Ausrüstung, gelingt es uns nicht, andere Welten, wie die der Tiere, vollständig zu erschließen. Manchmal stelle ich mir vor, dass die Vögel mich belächeln, wenn sie mich bei meiner Arbeit beobachten. »Wenn die wüsste …«, denken sie.

## Der Vogel vom Donnergott

Es ist später Nachmittag, und ganz allmählich setzt die Dämmerung ein. Noch einmal mit dem Spektiv über den Hafenpriel und die Südostbucht schwenken. Der Wattboden liegt frei. Die Vögel sind tippelnd unterwegs. Einige Alpenstrandläufer stecken immer wieder den Schnabel tief ins Watt. Ich schwenke weiter. Doch was sehe ich da? Ein unwesentlich größerer Vogel unter den kleinen Limikolen. Sein Gefieder ist viel kontrastreicher als das der grau-braunen Wat- und Wasservögel, die im Herbst ihr Schlichtkleid tragen. Das kann doch nur ein Göttervogel sein! Aber zu welchem Gott gehört er bloß? Dafür muss ich näher heran. Ich schnappe mir meine Kamera, stakse wie ein Storch durch die Salzwiese und betrete das schlickige Watt der Südostbucht, das mich gleich ein gutes Stück einsinken lässt. Immer etwas in die Knie gehen und den Rücken gebeugt halten. Bloß keine Gefahr darstellen und den Vogel aufschrecken. Doch dieser kleine Gast bringt eine göttliche Gelassenheit mit. Ich kann mich ohne Probleme bis auf wenige Meter nähern. Aber wer bist du nun? Gehörst du gleich zum Göttervater oder doch nur zum Donnergott? Wobei mir Zweiterer eigentlich sympathischer ist. Feine Unterschiede im Schlichtkleid und vor allem des Körperbaus gilt es auszumachen. Doch der kleine Gast ist äußerst fotogen, und schnell wird klar: Das ist das Hühnchen vom Donnergott. Gemeinsam mit dem Vogel vom Göttervater, dem Odinshühnchen, stellt das Thorshühnchen eine eigene kleine Gattung innerhalb der Familie der Schnepfenvögel dar. Sie sind Wassertreter. Und das bringt gleich zwei Besonderheiten mit sich: Zum einen können sie schwimmen. Das ist untypisch für Schnepfenvögel. Ähnlich wie Blässhühner haben sie Hautlappen an den vorderen Zehen ausgebildet, sodass sie gut das »Wasser treten« können. Das Thorshühnchen, das Trischen aber gerade einen Besuch abstattet, macht seinem Gattungsnamen »Wassertreter« nicht gerade Ehre. Wie soll es auch? Ist ja kein Wasser da.

Die andere Besonderheit finde ich spannend. Denn Thorshühnchen haben umgekehrte Geschlechterrollen. Im Frühling sieht man prächtige balzende Männchen und schlichte sich dezent verhaltende Weibchen. Die Aufgabenverteilung ist klar. Das Männchen umwirbt schillernd das Weibchen, das sich meist um Brut und Aufzucht kümmert. Dabei will das Weibchen natürlich so geschützt wie möglich vor potenziellen Beutegreifern sein. Ein schlichtes graues oder braunes Federkleid ist dabei natürlich sehr hilfreich. Doch was machen die Thorshühnchen? Das Weibchen balzt! Es ist an ihr, ihn zu umwerben. Dafür trägt das Weibchen das farbenprächtigere Kleid. Und es sind die Männchen, die sich um die Jungenaufzucht kümmern! Fortschrittliche Vögel! Ich glaube, Brandgans und Thorshühnchen könnten gemeinsam eine neue Gruppe anführen, wenn man Vögel unter anderen Gesichtspunkten systematisieren würde.

Ich bin jedenfalls ganz beschwingt davon, dass sich dieses Thorshühnchen nach Trischen verirrt hat. Tatsächlich verirrt, denn auf seinem direkten Zugweg liegt Trischen nicht gerade. Thorshühnchen sind Langstreckenzieher, und auf ihrem Weg aus dem hohen Norden in den tiefen Süden, oder umgekehrt, passiert es von Zeit zu Zeit, dass sie, je nach Wind, in unsere Gefilde verdriftet werden.
Mit Schlick besudelt ziehe ich mich zurück. Die Dämmerung ist so weit vorangeschritten, dass ich nicht mehr gut sehen kann. Also lasse ich das Thorshühnchen weiter in Ruhe in der Südostbucht tippeln, bis das Wasser kommt. Vielleicht rastet es ja auch über Hochwasser auf der Insel und ist bei der nächsten Ebbe am Folgetag ebenfalls zu sehen!

## Einsiedelei

Führe ich ein Einsiedlerinnendasein auf der Insel? Das mag von außen betrachtet vielleicht so wirken. Ich empfinde es aber nicht so bei der vielseitigen Gesellschaft, die ich jeden Tag habe. Heute traf ich aber einen kleinen Einsiedler im Watt! Später stellte sich heraus:

Auch er ist gar nicht so einsiedlerisch unterwegs, wie sein Name vermuten lässt, denn er hatte Gesellschaft von etlichen Artgenossen. Warum bezeichnen wir ihn dann überhaupt als Einsiedler? Es ist seine Behausung, die ihm den Namen gibt. Es geht um den Einsiedlerkrebs! Also einmal nicht um Vögel, sondern um eine Tiergruppe, die bisher noch gar keine Erwähnung fand. Zu Unrecht, finde ich, denn dieser Krebs, der mir hier in sehr kleiner Ausführung begegnet, ist sympathisch und lässt mich beim Beobachten das ein oder andere Mal schmunzeln.
Der Einsiedlerkrebs trägt seine Behausung permanent mit sich herum. Warum diese Mühe? Ganz einfach. Er braucht zusätzlichen Schutz, denn anders als zum Beispiel die Strandkrabbe hat der Einsiedlerkrebs einen ungepanzerten Hinterleib. Er ist so weich, dass er für Fressfeinde äußerst verlockend und schmackhaft ist. Darum muss ein schützender Panzer her. Der Einsiedlerkrebs baut ihn nicht selbst, sondern bedient sich bei anderen Lebewesen. Er erkundet leere Schneckenhäuser, ertastet die Windungen und schlüpft rücklings hinein. Schick sieht er so aus. Und irgendwie angezogen. So wie wir Menschen neue Kleidung benötigen, wenn wir wachsen, benötigt der Einsiedlerkrebs von Zeit zu Zeit ein neues Häuschen. Anfänglich sieht man ihn in leeren Strandschneckenhäusern, später gern in denen der größeren Wellhornschnecke. Seine Hinterbeine haben sich den Windungen des jeweiligen Hauses angepasst. Auf der einen Seite verkümmern sie, da sie überflüssig sind und nur unnötig Platz einnehmen, und auf der anderen Seite entwickeln sie sich so, dass sich der Krebs perfekt an den Innenwänden des Gehäuses festhalten kann und es ihn kaum Anstrengung kostet, seine Behausung mit sich herumzutragen. Während die Vogelfotografie nicht selten so verläuft, dass ganz plötzlich ein »Fotomotiv« vorbeizischt und man einfach nur mit der Kamera draufhält, so viele Fotos wie möglich schießt und hofft, dass gute dabei sind, verhält es sich bei der Fotografie des Einsiedlerkrebses ganz anders: Ausharren ist ange-

sagt. Ich gehe in die Hocke. Meine nackten Füße stehen im Wasser. Ellbogen auf den Knien abgestützt, Kamera vor die Augen gehalten. Es dauert. Der kleine Krebs zieht sich bei drohender Gefahr gern in sein Häuschen zurück und verschließt den Eingang mit seinen Scheren. Erst wenn er denkt, die Gefahr sei vorüber, nimmt er ganz allmählich die Scheren beiseite, streckt die kleinen Stielaugen aus dem Schneckenhaus hinaus und wagt sich Millimeter für Millimeter hervor. Jetzt den Auslöser drücken! Erwischt! Eigentlich halte ich mich an der Wattkante auf, um von hier die Wattkartierung im Westwatt zu beginnen. Da der Wind und die Gestirne aber an diesem Tag so stehen, dass das Wasser im Schneckentempo zurückweicht, habe ich Zeit, mit gesenktem Blick im flachen Wasser zu schlendern. Nun bemerke ich eine Bewegung aus den Augenwinkeln. Ich meine, eine Strandschnecke zu erkennen, doch die bewegt sich nicht im Schneckentempo. Ein zweiter Einsiedlerkrebs! Eine kleine Gruppe ist schlussendlich an dieser tiefer gelegenen Wattstelle, die auch bei Niedrigwasser mit Wasser gefüllt ist, unterwegs. Der Einsiedlerkrebs ist keine Seltenheit im Wattenmeer, aber ich freue mich sehr, ihn zu erblicken, weil er um Trischen herum nicht ständig auszumachen ist.

## Der letzte Monat

Als mir dies bewusst wird, beginnt die Zeit zu rennen. Davor war mein Zeitempfinden anders ausgerichtet: Wann geht die Sonne auf? Wann ist Hochwasser? Wann ist Niedrigwasser? Welche Jahreszeit haben wir? Die einzige Frage, die dem allgemeingültigen Verständnis von Zeit nahekommt, ist die nach den Samstagen. Wann kommt Axel?

Ich kann es tatsächlich nicht so richtig glauben, dass ich seit sechs Monaten, einem halben Jahr, hier bin. Hier draußen mitten im Meer, auf einer kleinen Insel. Wenn ich abends auf dem Hüttenumlauf im

Windschatten sitze oder einen meiner Strandspaziergänge am Spülsaum entlang mache, schweifen meine Gedanken ab. Sie schweifen in die Stadt, zu Menschen, zu Begegnungen. Das ist mir bisher nur selten passiert und wenn, dann erschien mir alles leicht vernebelt. War es doch viel zu weit weg.
Ich war im Hier und Jetzt. Das andere Leben pausierte einfach. Obwohl es für alle anderen, die Teil davon waren und sind, weiterging, habe ich es für mich einfach kurz angehalten. Nun habe ich das Gefühl, dass es ganz langsam wieder in Gang kommt und sich mir nähert. Die Überfahrt und der Weg zurück müssen organisiert werden, es treten Leute an mich heran, weil Dinge geklärt werden müssen, bevor ich zurückkomme. Was bringt die Zukunft? Ich habe noch nicht ausgelernt. Ich habe nie ausgelernt. Ich bin voller Vorfreude! Und vor lauter Gedanken über das, was kommt, vergesse ich kurz das, was ich habe. Das missfällt mir. Und gleichzeitig merke ich, wie viel Freude ich an diesen Zukunftsgedanken habe. Vielleicht lasse ich sie auch einfach zu. In kleiner Dosis. Denn schließlich bin ich noch dreißig Tage und dreißig Nächte hier. Sechzig Hochwasser und sechzig Niedrigwasser, eine ungewisse Anzahl an Stürmen und eine ebenso ungewisse aber hoffentlich große Zahl an spannenden Naturbeobachtungen, die mich hüpfen, lachen, jubeln und staunen lassen.

## Streik

Es ist der 20. September 2019. Circa 1,4 Millionen Menschen sind in Deutschland auf den Straßen. In rund fünfhundert Demonstrationen versammeln sich Leute, um zu protestieren. Es wird laut. Es wird voll. Es wird bunt. Nicht nur in Deutschland, sondern in vielen Staaten der Welt, wird an diesem Freitag demonstriert. Jeder und jede ist aufgerufen, sich zu beteiligen, denn es geht um ein Thema, das uns alle betrifft. Das Klima. Straßen werden gesperrt, Menschenketten ziehen hindurch und legen den Verkehr lahm. Viele Banner und Schilder mit Sprüchen werden in die Luft gehoben. Es wird gemeinschaftlich gerufen. Forderungen, Kritik. Musik, Stimmen durch Megaphone. Die Welt ist vernetzt und der internationale Klimastreik ausgerufen. Fridays for Future ist schon lange nicht mehr ausschließlich ein Streik von Schülerinnen und Schülern. Menschen aus unterschiedlichen Gruppen und in unterschiedlichem Alter sind an den Demo-Tagen in vielen Städten unterwegs.

Die Proteste polarisieren. Viele unterstützen, andere üben Kritik an der Kritik. Doch auch dies bringt die Stimmen der Bewegung in die Öffentlichkeit. Gut so!

Anderswo am gleichen Tag. Eine Person sitzt alleine vor einer Stelzenhütte und lässt den Blick über eine flache Insel schweifen. Es wird nicht gesprochen. Die Einzigen, die hier lautstark um die Ecke kommen, sind zeternde Vögel. Die Sicht ist klar, der Himmel bewölkt, der Wind komm schwach aus Nordwest. Ein Tag wie jeder andere. Doch jeder Tag ist anders. Von hier findet kaum Vernetzung mit der Welt statt. Die Insel ist für sich. Sie ist das, was es zu schützen gilt.

Ich verfolge die Proteste der Welt im Radio. Hin und wieder kommt zwischen anderen wichtigen oder unwichtigen Nachrichten eine Berichterstattung von den Demos in den Städten. Surreal.

Es gibt viele Möglichkeiten, sich politisch oder gesellschaftlich zu engagieren … Für welches Thema auch immer. Jeder und jede fühlt sich in unterschiedlichen Kontexten wohl. Der eine geht laut durch volle Straße, die andere spricht nicht, beobachtet, sammelt Daten und berichtet von einem der wenigen verbliebenen Orte, an denen die Natur noch Natur sein darf.

## Stillstand im Sturm

Was soll beim Sturm bitte stillstehen? Alles ist doch in Bewegung! Das Meer mit seinen tosenden Wellen, die Dünen, wenn die Sandkörner fliegen, die Salzwiese, die rauschend schwankt, die Hütte, die sich im Wind vorsichtig wiegt. Die Vögel fliegen sowieso oder ducken sich im Windschatten und wackeln dort unsicher hin und her. Auch ich habe eigentlich keine Chance, völlig ruhig zu stehen. Die Böen schubsen mich hin und her. Die Regenjacke flattert mir lautstark um den Körper, die Haare, obwohl ich versucht habe, sie mit Stirnband und Kapuze zu bändigen, wehen mir immer wieder ins Gesicht. Ich schließe deshalb die Augen, stehe fest und lasse den Wind arbeiten. Ganz still harre ich aus. Diesmal nicht, um Vögel zu hören oder zu sehen, sondern um den Wind zu spüren. Obwohl es eindeutig starker Westwind ist, scheint er mich heute in alle Richtungen zu schubsen. Ich spüre jede Böe, jeden Luftzug. Ich konzentriere mich nur darauf und blende alles andere für eine kleine Weile aus.

## Die letzte Woche

Es ist neunzehn Uhr, und ich kann nur noch große weiße Vögel erkennen. Alle anderen werden von der Dämmerung verschluckt. Die Abenddämmerung ist im Herbst um neunzehn Uhr schon weit vorangeschritten, und die Insel beginnt allmählich zu versinken. Während andernorts nun überall die Lichter angeknipst werden und das trubelige Leben einfach weitergeht, kehrt hier Ruhe ein. Die Vögel werden still, ich kann nichts mehr sehen, und so endet der Tag auf der Insel um neunzehn Uhr. In der Hütte gibt es durch die Solaranlage generiertes Licht. Doch an sonnenarmen Herbsttagen muss man gut damit haushalten. Der Sonnenaufgang hat sich inzwischen so weit nach hinten verschoben, dass die Zeit, die ich mit Vogelbeobachtungen, Feuerholzmachen usw. verbringe, weniger als zwölf Stunden beträgt. Nur die Computerarbeit erledige ich am Abend noch auf die Schnelle bei künstlichem Licht.

Die Tage werden also kürzer, und die Zeit rennt doppelt so schnell. Weniger Sonnenstunden, weniger Tage bis zur Abreise. Jeden Morgen wird das Zeitfenster kleiner. Wieder im doppelten Sinne. Ich versuche, diese letzten Tage auf der Insel zu genießen, draußen zu sein, tief zu atmen, mir bewusst zu machen, wo ich mich befinde und was ich hier tue. Es gelingt immer seltener. Meine Gedanken sind eine

Sonnenaufgang über dem Festland

Rotkehlchen im Gegenlicht

Woche vor der Abreise schon sehr weit in der Zukunft. Meine Rückkehr in die Stadt bedarf einiger Planung. Gut zu wissen, dass Menschen dort auf mich warten und mich in Empfang nehmen werden. Was nehme ich mit? Was habe ich gelernt? Gelernt habe ich unglaublich viel. Über die Vogelwelt und auch ein bisschen über mich. Doch was die Rückkehr in mein altes Leben mit mir machen wird, ist ungewiss. Erst wenn ich die Stadt wieder erreicht habe und auf Menschen treffe, weiß ich, wo ich stehe. Und ich vermute, dass ich mehr dort stehe, wo ich vor der Insel stand, als mir lieb ist. Klar, ein bisschen bin ich vorangekommen, mit mir, mit dem Leben, aber es sind kleinste Schritte gewesen, die ich gegangen bin. Da kann man nicht richtig Strecke machen! Aber ich glaube, es ist gut, dass ich das weiß. Also, meine Erwartungen sind niedrig, aber mein Kopf bereits voll mit Bildern der Rückkehr. Sie rauben mir die Zeit.

## Der letzte Morgen, die Überfahrt

Schon vor Sonnenaufgang klingelt der Wecker. Es gibt noch einiges zu tun. Viele Dinge müssen verstaut und die Hütte winterfest gemacht werden. Während ganz langsam die Dämmerung einsetzt, der Mond aber noch hoch am Himmel steht, ziehe ich den Handkarren vollgepackt mit der ersten Ladung Kisten über die Düne und am Strand entlang. Der Wind hat leicht auf Nordost gedreht und bringt Zugvögel mit sich, die den Rückenwind auf ihrem Weg gen Süden ausnutzen. Immer wieder stelle ich den Handkarren ab und schaue durchs Fernglas, das nach wie vor um meinen Hals hängt. Das ist ein wirklich ungünstiger Tag, um abzureisen! Fast die gesamte vorherige Woche kam der Wind stark aus Süd und bremste den Vogelzug nahezu vollständig aus. Ich kann jetzt noch nicht gehen! Aber ich muss. Der 15. Oktober ist der Abreisetag. Jedes Jahr, soweit es Wind, Wetter und Wasser zulassen. Ein guter Tag für die Zugvögel ist diesmal auch ein guter Tag für Axel und seine Luise. Es ist Springtide, und der Wind weht schwach. Da lässt es sich gut Boot fahren im Wattenmeer. Während ich den Strand Richtung Südspitze entlanglaufe, wo Axel auf mich wartet, schleicht sich die Sonne ganz allmählich über dem Festland zwischen den Windrädern hindurch und färbt alles in ein rosa-orangefarbenes Licht. Während meine Gedanken die vorherigen Tage schon viel zu viel am Festland waren, sind sie nun ganz im Hier und Jetzt. Schwermut überkommt mich. Sosehr ich mich auf alles gefreut habe, was mich am Festland erwartet, umso wehmütiger bin ich in diesem Moment. Während der Fahrt auf die Insel Ende März habe ich vieles abschütteln können, habe die Augen weit geöffnet, die Lungen mit sehr viel Meeresluft gefüllt und meine Sinne geschärft. Was tue ich jetzt, auf der Rückfahrt? Ich bin ein bisschen verloren und ratlos. Und das alles bei strahlendem Sonnenschein!

Es geht ein letztes Mal zurück zur Hütte. Sie muss ein bisschen präpariert werde, damit sie dem Winter gewachsen ist. Die Gasflasche nehme ich von der Leitung, unterbreche die Stromzufuhr von den Solarpaneelen in die Hütte, hieve die Regentonnen ins Innere und verbarrikadiere die Fenster. Auch das restliche Gepäck wartet noch auf mich. Ein letzter Blick zurück. Nichts vergessen? Schon fast auf der Düne entdecke ich den Regenmesser, der an seinem Stock noch etwas verloren vor der Hütte steht. Der muss noch in die Hütte! Er wurde in den vergangenen sieben Monaten von kleinen Singvögeln sehr gern als Sitzwarte benutzt, und dementsprechend sieht er auch aus: Vogelkot. Überall. Das gesammelte Regenwasser ist leider schon ausgekippt, und so muss der Regenmesser eben so dreckig, wie er ist, in die Hütte.

Wieder am Boot angekommen, hat das Wasser schon fast das hintere Ende der Luise erreicht, das dem Priel zugeneigt ist. Aber ich weiß, es wird noch eine Weile dauern, bis genügend Wasser unterm Kiel ist, dass Axel den Motor anlassen und langsam losfahren kann. Die letzten Sachen sind schnell verstaut. Der Wind weht so schwach, dass Axel die Handkarren, die ebenfalls mit ans Festland kommen, an Deck gar nicht festzubinden braucht. Und so sitzen wir auf der Luise und warten. Warten auf das Meer und …?

Nun tuckern wir so dahin. Die Luise fährt ganz gemütlich. Hektik kennt sie gar nicht. Axel auch nicht. Sicher steuert er sein Boot durch die Priele. Irgendwann gesellt sich ein weiteres kleines Motorboot, von Cuxhaven kommend, zu uns und steuert ebenfalls den Anleger in Friedrichskoog an. Wir fahren Kolonne, und Axel funkt. Die Zivilisation rückt näher, bei spiegelglatter See und wunderbarem Sonnenschein. Immer mehr Bojen markieren den Weg. Je näher wir dem Dithmarscher Festland kommen, umso herausfordernder wird Axels Aufgabe. Die von ihm gesetzten Bojen sehen lustig aus. Manchmal hat Axel Reflektoren darauf montiert, die an Stäben hoch über das Wasser ragen. Einige Bojen erkenne ich wieder. Sie wurden am Strand von Trischen angespült, und hier, kurz vorm Festland,

Warten auf das Meer. Die Rückfahrt

finden sie eine neue Aufgabe. Die alte Trischen-Bake, die vor vielen Jahren noch auf der Insel stand, nähert sich. Nun schmückt sie Friedrichskoog und erinnert an alte Zeiten.
Erneut sind meine Augen weit geöffnet. Leichtigkeit gesellt sich zu der Aufregung. Habe ich damit gerechnet? Gleichzeitig fühle ich mich so schwammig wie die kleinen Wellen unterm Kiel. Immer wieder vor und zurück schwappend … sich verlierend, zurückkommend …

## Vom Ankommen

Das Gefühl, nach sieben Monaten auf Trischen wieder am Festland zu sein, ist kaum zu beschreiben. Mehrmals habe ich versucht, es aufzuschreiben, und immer wieder bin ich sehr schnell steckengeblieben. Was ich weiß: Ich möchte weiterhin einen kleinen Teil dazu beitragen, dass das Wattenmeer ein geschützter Ort ist, an dem die Natur noch Natur sein kann und möglichst ungestört bleibt von menschlichem Einfluss. Ich möchte weiterhin die Möglichkeit haben, die Arme baumeln zu lassen und nur zu atmen. Ganz tief. Ich hänge ein bisschen in der Luft. Auf der Insel war ich sehr bei mir. Und jetzt? Die Zeit wird es zeigen.

## *Fitissimus

Dieses Buch ist dem Wattenmeer und Fitissimus gewidmet.

Ich habe einen Hang zu Wortneuschöpfungen und neuen Wortendungen. So passierte es ganz von allein, dass der Fitis, der vermutlich nicht jeden Tag der gleiche war, sondern aus einer ganzen Reihe von Fitissen bestand, die sich quasi die Klinke in die Hand gaben, eine neue Endung bekam. So wie aus dem Sandregenpfeifer Sandregenpfeiferli wurde, wurde aus dem Fitis eben Fitissimus.

Und weil genau dieser Vogel sich neben mich setzte, mir zwischen den Füßen hindurchhüpfte, mich lange und ausgiebig beäugte und ich die Frage, ob ich nun eine Gefahr für ihn darstelle oder nicht, aus seinem Blick abzulesen glaubte, widme ich diese Episoden auch ihm. Ihm, stellvertretend für die ganze Insel, die so sein darf, wie sie sein möchte. Nahezu ohne Menschen. Als einer der letzten Orte, deren Schutz wiederum ein Symbol für den großen Nationalparkgedanken ist, der so wichtig ist und dessen Idee so viele Menschen wie möglich erreichen soll. So können wir ein Bewusstsein für die Natur erschaffen und zu ihrem Schutz beitragen.

Fitissimus steht für mich nicht nur für den kleinen sympathischen Vogel, sondern ist ein symbolisches Bild für das Sein auf der Insel. Das Sicheingeschlichen-Haben, das Unsichtbar-Machen, das Teil-Werden.

Diese Episoden konnten nur entstehen, weil ich das Privileg genießen durfte, sieben Monate als Naturschutzwartin auf Trischen sein zu können. Ehre ist ein großes Wort, doch ist es hier wohl angebracht. Das Beschriebene ist immer durch mein eigenes Erleben bedingt. Es handelt sich um meine Eindrücke und Empfindungen, und es wird nicht gelingen, neutral und komplett sachlich darzustellen, wie und was Trischen wirklich ist. Es ist unsere Aufgabe, die Insel sein zu lassen. Und zwar genau so, wie die Natur es vorsieht.

Fitissimus steht auch für das phantastische Beobachten. Das fulminante Losgelöstsein von vielen Zwängen. Das Arme-baumeln-Lassen und das Tief-Atmen. Ebenso für Adrenalinschübe und das Innehalten. Ich hoffe, dass Fitissimus auch in Zukunft immer um mich sein wird.

# Epilog

Ich stehe auf dem Deich eines kleinen Küstendorfes mit Blick Richtung Wattenmeer. Heute ist keine Regenmontur nötig. Die Herbstsonne scheint, der Wind weht nur schwach aus nordwestlicher Richtung. Ich zähle keine Vögel. Ich beobachte sie nur. Tausende von Weißwangengänsen sitzen zwischen Deich und Steinkante. Der Himmel ist ebenfalls gespickt von Hunderten rufenden Gänsepunkten. Auf dem Wasser, direkt an der Steinkante, sieht es nicht anders aus. Sie sind überall. Ein großes Spektakel. Lange könnte ich ihnen so zuschauen. Ich sehe wieder den geteerten Weg, Menschen flanieren an der Steinkante und genießen das schöne Herbstwetter. Das tue ich auch. Ein Sperber kommt von den angrenzenden Feldern angeflogen. Relativ knapp schwebt er über die Deichkuppe. Wo willst du denn hin?, denke ich. Rabenkrähen sitzen in den Bäumen an den Feldrändern. Ich bin wieder dort, wo das Meer gebannt ist. Ich sehe den Kutterhafen und ein reges Treiben an den Buden. Kaffee und Bier wird getrunken, Klönschnack gehalten, gearbeitet, spaziert. Die Sonne scheint. Alle genießen hier die letzten Sonnenstrahlen. Einige Silbermöwen haben sich unter die Leute gemischt. Sie wollen natürlich etwas von den Fischbrötchen, die hier bevorzugt verspeist werden, abhaben. Ich mag diesen kleinen Hafen. Doch möchte ich heute nicht dorthin. Ich gehe auf dem Deich Richtung Norden.

Die Vorstellung, dass dies nun für mich die äußerste Möglichkeit ist, die Arme baumeln zu lassen und den Kopf freizubekommen, löst gemischte Gefühle in mir aus. Ich glaube, es kann klappen, aber wenn ich an die Insel und das dortige Arme-baumeln-Lassen und Einfach-vor-der-Hütte-Sitzen denke, werde ich schon ein bisschen wehmütig. Bei meinem nächsten Besuch am Deich werde ich auch hier wieder die Vögel zählen und die Daten für eine spätere Auswertung weitergeben. Heute möchte ich nur schauen.

Zeit ist vergangen. Ich stehe am Fenster meiner Stadtwohnung und schaue auf die gegenüberliegende Häuserfront. Die Straße ist schmal, darum sind die Fenster des gegenüberliegenden Hauses nicht weit entfernt. Wir könnten uns in der Nachbarschaft auf die Teller gucken, wenn wir wollten. Wind fegt in Böen durch die Häuserschlucht und drückt immer wieder gegen mein Fenster. Rabenkrähen sausen mit den Böen. Ihre Flügel wackeln im Wind, und ich höre sie rufen. Einige setzen sich auf Dächer, auf Antennen, auf Stromkabel der Laternen, die über die Straße ragen. Auf einem Schornstein sitzt eine Stadttaube, aber auch Ringeltauben gesellen sich dazu. Der Kaffee blubbert auf dem Herd. Ich höre, wie ihn jemand von der Platte nimmt. Ich lausche wieder in Richtung Straße: ein dreimaliges Holpern. Das kenne ich schon. Selten fällt es mir noch auf, es ist Teil der täglichen Geräuschkulisse, die ich nur noch unbewusst wahrnehme. Es ist die Straßenbahn, die über eine Weiche fährt. Autos hupen, die Müllabfuhr piept und poltert. Irgendwo bellt ein Hund, und zwei Leute scheinen sich zu streiten. Ich höre das alles. Meistens stört mich die Geräuschkulisse nicht. So klingt die Stadt eben. Doch an manchen Tagen irritiert sie mich und strengt an.

Ich war erstaunt, wie mühelos ich zurück in die Stadt gehen konnte. Mehrmals benutzte ich Phrasen wie: Es ist, als wäre ich nie weg gewesen. Und so ist es auch. Ich kann es selbst nicht richtig glauben. Die Insel-Gelassenheit ist zunächst weiterhin präsent. Vieles, was ich tue, mache ich sehr bewusst. Essen zubereiten, durch die Straßen gehen, mich nicht aus der Ruhe bringen lassen. Eine Zeitlang klappt das sehr gut. Ich fahre mit dem Fahrrad durch die Stadt. Die typischen Gerüche steigen mir in die Nase: Malz, Schokolade, Kaffee. Doch nun fällt mir ein penetranter Geruch auf, den ich vorher nicht so sehr wahrgenommen habe: Die Stadt stinkt. Ich sitze auf dem Fahrrad und mag in vielen Momenten gar nicht tief atmen. Doch das wird mit der Zeit besser. Ich gewöhne mich daran. Und so, wie ich mich an städtischen Gestank gewöhne, gewöhne ich mich auch wieder an mich selbst in der Stadt. Hier schwingt allerdings ein wenig Wehmut mit. Denn Gewöhnung für mich in der Stadt bedeutet, dass ich mich mitreißen lasse. Mitreißen von all den Einflüssen. All den Ablenkungen, Menschen, Eindrücken. Ich rase durch den Alltag, verliere den Blick für vieles wieder. Alles ist wie vor über sieben Monaten. In manchen Momenten, wenn der Trubel mal wieder die Oberhand gewinnt, schießen mit Inselbilder durch den Kopf. Ich wünsche mich zurück. Zurück auf die Insel, weit weg von der Zivilisation, dort, wo ich allein und in der Natur bin. Dort, wo ich in Ruhe beobachten kann, fasziniert bin von Kleinigkeiten, die ich nun hier, zurück in der Stadt, gar nicht mehr wahrnehme.

Gut, dass ich meine Erwartungen vor dem Zurückkommen runtergeschraubt habe. Mein Gefühl hat mich nicht getäuscht. Und dennoch glaube ich, dass mich die sieben Monate auf der Insel weitergebracht haben. Weiter mit mir selbst und dem, was ich vielleicht möchte in meinem Leben. In sieben Monaten kann man keine Meilen hinter sich bringen, aber viele kleine Schritte gehen. Ich habe einen winzigen Teil dazu beigetragen, der Öffentlichkeit die Einzigartigkeit des Wattenmeeres und Trischens aufzuzeigen. Ich habe durch verschiedene Erfassungen Daten erhoben, die nun mit denen aus vielen Vorjahren eine lange Reihe bilden. Es bereitet mir ein wohliges Gefühl, diese beiden Dinge verbunden zu haben.

Ich stehe am Strand. Der Wind saust mir um die Ohren, die Haare kitzeln mein Gesicht. Die Sonne brennt vom Himmel, doch der Wind nimmt ihr die Hitze. Meine Füße sind nackt und versinken leicht im Sand. Ich spüre eine zerbrochene Muschel unter meinen Füßen. Ich habe die Augen geschlossen. Der Strandroggen rauscht unregelmäßig. Ich atme tief. Ganz tief, ganz langsam. Ich lasse die Arme baumeln, neige den Kopf zur Sonne, höre die Möwen, höre die Austernfischer. Das Meer wogt in kleinen Wellen und ergänzt den

Strandroggenklangteppich. Ich bemerke, wie sich auf mein Gesicht ein Lächeln schleicht. Wie mein ganzer Körper lächelt. Ich wippe mit der Leichtigkeit des Moments, wippe hin und wippe her, ziehe Kraft daraus. Ich höre eine Lachmöwe und öffne die Augen. Alles ist weggewischt. Ausgeträumt. Ich schaue an die Zimmerdecke in meiner Wohnung. Sie ist kein weiter Baldachin wie der Himmel über dem Wattenmeer. Im Gegenteil, sie droht mich in diesem Moment zu erdrücken. Ich seufze kurz, lächle aber gleich wieder, denn ich weiß, bevor das passiert, mache ich mich wieder auf ans Meer.

## Zur Autorin

Der Lebensweg von Anne de Walmont verläuft alles andere als geradlinig: Einem freiwilligen ökologischen Jahr auf der nordfriesischen Insel Pellworm folgte ein Studium der Musikwissenschaften und der Skandinavistik; anschließend machte sie eine Ausbildung zur Damenmaßschneiderin, die sie als Landessiegerin abschloss. Zudem engagiert sie sich für Umwelt und Natur. Und dann holte sie das Wattenmeer ein: Als einzige menschliche Bewohnerin betreute sie sieben Monate die Vogelinsel Trischen im Nationalpark Schleswig-Holsteinisches Wattenmeer als NABU-Naturschutzwartin. Heute arbeitet Anne de Walmont als Ornithologin und selbständige Schneiderin in Bremen.

Das Zitat auf S. 154 entstammt dem Artikel »Bodenfeindalarm« von Barbara Supp, SPIEGEL, Ausgabe 31/2019 vom 27. Juli 2019.

Deutsche Originalausgabe


Projektleitung: Hans Peter Buohler, Knesebeck Verlag
Lektorat: Dr. Angelika Künne, Erfurt
Fotografien: Anne de Walmont, Bremen/NABU, Neumünster
Fotografien Seite 11, 67 (rechtes Foto), 79, 155, 160 167, 222:
Sophie de Walmont, Langenargen
Coverfoto und Foto S. 213 Lukas Terwitte, Klein Jasedow
Grafikelemente: © mikroman6/GettyImages
Umschlaggestaltung und Layout: Favoritbüro, München
Satz und Herstellung: Arnold & Domnick, Leipzig
Druck und Einband: Livonia Print, Riga
Printed in Latvia

ISBN 978-3-95728-431-0



www.knesebeck-verlag.de

FSC
www.fsc.org
MIX
Papier aus verantwortungsvollen Quellen
FSC® C002795